中华文化百科丛书 · 美食
zhonghua wenhua baike congshu

中华美食

中国大百科全书出版社

图书在版编目（CIP）数据

中华美食 /《中华文化百科丛书》编委会编著 .—北京：中国大百科全书出版社，2013.2
（中华文化百科丛书）
ISBN 978-7-5000-9117-2
Ⅰ . ① 中 … Ⅱ . ① 中 … Ⅲ . ① 饮 食 – 文 化 – 中 国 Ⅳ . ① TS971

中国版本图书馆 CIP 数据核字（2013）第 017655 号

丛书责编： 胡春玲
责任编辑： 胡春玲
技术编辑： 尤国宏 贾跃荣
责任印制： 邹景峰 李宝丰

中国大百科全书出版社出版发行
（北京阜成门北大街 17 号 邮政编码：100037 电话：010-88390790）
http：//www.ecph.com.cn
新华书店经销
三河市兴国印务有限公司印刷
开本：720×1020 1/16 印张：9 字数：90 千字
2013 年 3 月第 1 版 2018 年 11 月第 5 次印刷
ISBN 978-7-5000-9117-2
定价：32.00 元

《中华文化百科丛书》编委会

《中华美食》

本书编著：　史丽君　邸晓宇

前言

中国是一个拥有五千年悠久历史的东方文明古国，在漫漫历史长河中，智慧的人们创造出了令人惊叹的文明、独具特色的中华文化。中华文化在长远的历史中不断沉淀、凝聚、升华，历久弥香，散发出独特的魅力。

《中华文化百科丛书》所选主题均经过精心甄选，呈现中华文化的精髓。丛书分 10 册：《思辨之光》是古代智慧的先哲们思想碰撞的火花；《九州方圆》是巍巍山岚渺渺河川华夏大地的浩大图卷；《神州记忆》是知古鉴今的故国记忆；《文物宝藏》是封存的历史遗迹宝藏的探寻；《民族风情》是中国共生同荣的各民族风采展现；《天工开物》是令人叹为观止的中国古代科技成就；《飞扬文字》是诗意文人们用生命写就的多彩华章；《艺术殿堂》是中国古代人们对美的不懈追求；《千年本草》

是中国神秘独特中医文化的诠释；《中华美食》是基于传统文化的舌尖上美食的诱惑。

本套丛书的根基是蕴藏着巨大知识宝藏的中国大百科全书资源库。这是丛书拥有精良品质的重要基础。我们请各学科的专家学者和资深编辑将这座知识宝藏中的“珍宝”挖掘出来，针对读者的需求，进行“擦拭”“打磨”，并为内容选配了相当数量富有历史价值和欣赏价值的图片，达到图片和文字互为阐释的效果，形成主题突出、知识准确、文字简练、图文并茂的文化读本，以期让读者在轻松、愉悦的阅读中欣赏中华文化，领略其中魅力，获取其中营养。

本套丛书所展现的内容，虽然在浩渺的中华文明中只能算是吉光片羽，但我们希望这次尝试能够得到读者的认可，从而激励我们以更好更美的方式将更多的知识宝藏奉献给大家。

《中华文化百科丛书》编委会

2013 年 2 月 1 日

目录

一 概述

饮食文化是一个国家或民族饮食活动的内容及形式的总称，是一种综合性的文化现象，包括人们从饮食原料的开发利用、食品制作到食用消费过程中的各种技法、科学、艺术，以及在此基础上形成的传统习俗、礼仪思想等。中华饮食文化源远流长，早在两千多年前的《汉书》中就有“民以食为天”的记载，而且到现在还被屡屡征引，这足以表明中华饮食文化积淀丰厚，也可证明饮食在中华文化中所占的重要地位。

什么是美食？通俗来讲就是指“好吃的”。人们常说的“民以食为天，食以味为先”就可以作为其最恰当的解释，在被比作至高无上的“天”的“食”之前，是一个“味”字，味道美的食物，就是美食。而“味道美”又是一个宽泛的概念，毕竟众口难调、标准不一，因而美食更加充分地体现了传统文化中人们对食物的感情色彩和文化审美。自从人类脱离了茹毛饮血的时代，美食文化便渐渐发展起来，从简单的烹饪到繁复的菜式，从果腹温饱到讲究膳食搭配，中华美食逐渐形成了独具特色的文化风景。美味的食物不仅能补充营养、强身健体，也能传承礼仪、传递情感、陶冶情操，我们更可以从中看出中华民族以审美的态度对待饮食的一贯传统，从而体味中华饮食文化的精髓。本书将分析中华美食文化的物质构成和文化内涵，全面展示中华美食文化的博大精深和流派纷呈。

1. 中华美食的发展

如果将用火加工食物作为中华美食的起点，那么中华美食的历史可谓是源远流长。

（1）旧石器时代。中华远祖们何时开始用火目前尚无定论，但是距今 170 万年的元谋人和距今 60 万年至 80 万年的蓝田人已懂得用火加工食物。最早的熟食加工是把食物直接放在

◇人类用火烤制食物

火上烤；后来发展到把食物放在烧红的石头、石片上烤熟；也有把烧红的石头反复多次放入盛有水的器皿中，使生食变成熟食的方法。

（2）新石器时期。陶器的出现不仅使人们有了炊具、餐具，而且磨制石器、骨器的出现也使得人们的餐饮更为方便。人们大量用灶蒸煮饭食，酿酒，把主食和菜肴分开加工。

（3）先秦时期。在夏商周时期，食料来源更加广泛。在饮食器具方面，平民使用陶器，贵族使用青铜器，器具形制多样，工艺精美，凌室与铜冰鉴的出现代表了冷藏技术的发展。烹饪技法上出现高温油脂煎炸、炖焖、腌渍等手段，初步讲究刀工和火候，形成“五味调和”的观念。此时人们已经开始将饮食与养生联系起来。

◇战国时期铜冰鉴（湖北随州曾侯乙墓出土）

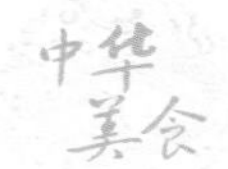

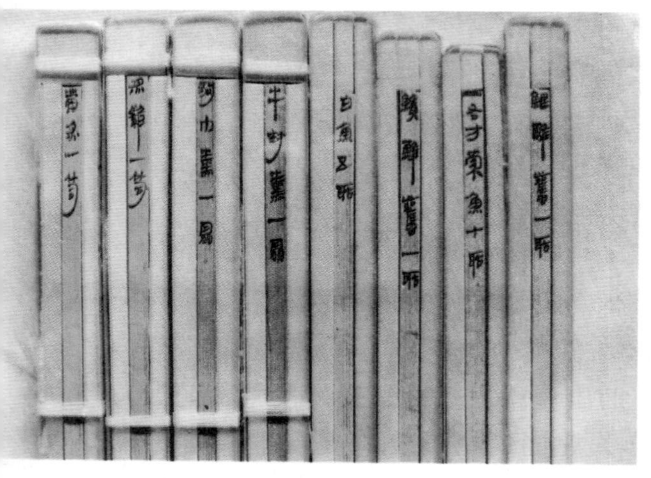
◇西汉竹简——现存有关饮食的最早文献之一

（4）秦汉至南北朝时期。食材增多，如小麦粉面、豆制品以及从西域引进的原料、香料等，使得食品种类和风格出现多样化特征。出现了许多新的炊具，带动了摊贩、酒店、酒楼的发展。烹调工艺向精细化发展，特别是炒法的创制，使得烹调技术发生革新性变化。大量烹饪著作

◇东汉庖厨石刻画

问世，饮食养生经验开始积累。

（5）隋至南宋时期。南北风味开始出现差异，地方菜系区别明显。海外、吐蕃等地的饮食传入，饮食行业经营多样化，如酒、茶、面等分工精细。日常菜肴中羹汤烹煮菜肴仍旧比重较大，但炒、炸制菜肴显著增加，涮、烤、油泼等技法出现。综合性和专题性饮食论著、食疗著作出现。

◇唐代花式糕点（新疆吐鲁番阿斯塔娜墓出土）

（6）元明清时期。各民族和中外之间的饮食出现大融合，南北风味交融。风箱进入厨房，加强了高温烹制技术，煤炭生火促进了爆炒技术的发展。这一时期，出现了寺院斋菜、清真菜馆和中西合璧的餐馆、西餐馆等，宫廷菜、官府菜、市肆菜、寺院菜、民族菜、民间菜全面发展。烹调技法获得长足发展，如元代有软炸、贴、摊等，明清则有酱烧、蒜烧、酱烹等技法。饮料品种丰富，粥类品种增多。宴席无论从品种、规格还是上菜程序上都出现大发展。还有许多烹饪名著问世。

（7）近现代时期。民国时期出现了模仿宫廷菜的仿膳菜，以及精益求精的私家菜和官府菜。味精开始被广泛应用。抗日时期川菜在全国的影响逐渐扩大，台湾菜和清真菜、素菜等也得到了发展。20 世纪 50 年代以后，炊具和灶具变化较大，电炉、煤气灶、液化气灶、微波炉和铝合金锅、不锈钢锅、压力锅等的相继推出，和面机、切肉机、豆浆机等机械的出现，都推动了美食的普及和发展。改革开放以来食品工业化获得长足发展，给市民饮食文化也带来一定的影响。

从漫长的历史长河中可以看出，中华美食文化的发展与中国古代文明的发展息息相关、密不可分，博大精深的传统文化赋予中华饮食丰厚的历史积淀和多种文化元素，而美食文化也以其物质形式和精神内涵极大地滋养和丰富了中国传统文化。

2. 中华美食与文化

中华文化中随处可以见到“吃”的影子，这一点可以从很多大众口头语中看出来，如受欢迎、行得通叫“吃得开”“吃香”，在男女关系上产生嫉妒叫“吃醋”，受到惊吓叫“吃惊”，承受不住、受不了叫“吃不消”“吃不住”，被控告受到处罚或关在监狱里叫“吃官司”，局势紧张叫“吃紧”，经受艰苦叫“吃苦”，受到损失叫“吃亏”等。由此可以看出中华美食文化的一个重要的特点，就是与社会、人生联系密切。综合起来，中华美食文化具有以下特点：

（1）选材广泛，品种多样。中国幅员辽阔，可供选择的食物原料非常丰富，加之中国人进食心理选择的丰富性，使得中华美食取材广泛，种类繁多。主食必不可少，其种类及

◇西芹菠萝山药

花样繁多自不必说，副食品也十分丰富，除了最常见的鸡鸭鱼肉等肉食，还有豆制品、酱菜等。有些地区还喜爱异食，各种山珍海味也被纳入取材范围。

（2）以调味为核心。人们在吃某道菜或某种特色小吃，觉得十分美味的时候，总是竖起大拇指说："好吃！""好吃"成了美食的主要标准，这使得传统烹饪艺术对美味的追求几乎达到极致。"以味为本，至味为上"成为烹饪的基本原则，甚至有时会牺牲食物的营养价值来求得"入味"、"保味"。

（3）讲求中和之美。中华美食的魅力在于其味美，而美味的产生则在于调和。食材本身的滋味，加热、烹饪之后的味道，加上配料、辅料甚至调料后形成的调和之味，互相渗透、补充甚至是形成反差，从而形成一种综合性的味道。

（4）追求意境。由于众口难调，因此美食的标准也不大好确定，说法也不少，但大致归纳起来不外"色香味形触"几方面，此外饮器餐具、进餐环境和进餐礼仪也极为讲究。

（5）关注社会与人生。中华美食很早就与政治、礼仪等联系在一起。传说商代大臣伊尹就以"五味调和说"与"火候论"来比喻治国之道，《道德经》中就有"治大国若烹小鲜"的说法。至于中医提出的药补不如食补的饮食养生的理论和实践，更是对人生的直接体察。

二 美食原料

美食原料是指通过加工可以制作成主食、菜肴、面点、小吃等美食的原材料，如粮食、蔬菜、瓜果、肉类、水产等。几千年来，中华美食无论从主要的原材料还是调味品方面，都随着时代的发展和社会生产力的提高得到了丰富和拓展，从而丰富了中国的美食文化。

1. 美食主料

中华民族在几千年的文明发展中，形成了把日常食品区分为主食和副食的饮食习俗，并且在饮食结构上形成了以主食为主、副食为辅的模式。在中国，主食一般指粮食类作物制成的食品，副食则是指蔬菜水果以及肉、蛋、奶等动物性食品。主、副食的种类也是随着历史发展而逐渐丰富和形成

◇河姆渡文化的稻谷遗存

特色的。在旧石器时代，食材多为渔猎的水产品、野兽，以及采集的果实根茎等。发展到新石器时代，北方的粟和南方的水稻开始种植收获，成为稳定的主食，也从此奠定了中华民族以植物性原料为主食的饮食结构。到了夏商周时期，食材显著增加，出现了五谷、五菜、五畜、五果等。饭、粥、糕点等食物品种出现，肉酱制品和羹汤菜品丰富。“周八珍”基本代表了当时的烹调技艺水平。春秋战国时期，由于大量使用牛耕和铁制农具，农产品数量增多。食材有五谷、蔬菜水果、家畜野味等，水产品丰富，与家畜等处于同等位置。汉代，水稻广泛种植，产量大增，米制品开始多于面制品。从汉代通西域开始，丝绸之路和海上丝绸之路的开拓使得大量蔬果品种引入。如汉晋年间传入了黄瓜、大蒜、芫荽、葡萄等，南北朝至唐代传入了茄子、菠菜、莴苣、洋葱、苹果等。此时奶制品也得到发展，如已经能够从牛奶中提炼出酪、酥、醍醐等。隋唐宋元时期，美食原料的品种进一步增多，大量西域和南洋的蔬菜进入中国，另外近海捕捞业的发展也使对虾、海蟹、海蜇等水产品登上餐桌。从明清时期开始，美食文化进入成熟期。不少经济文化发达地区形成了自己的饮食特色，美食文化获得长足发展。

综上所述，中国历史悠久，幅员广阔，加上外来物种的引种等，造成了主食品种的丰富和花样的繁多。中华民族主食品种和花样的丰富，在世界上是罕有其匹的。如果按主食原料来分的话，可分为面粉食品、大米食品和其他主食。

（1）面粉食品。指用麦面为主要原料制作的食品。中国人在很早就发明了石磨，石磨的发明开创了从粒食到粉食的新阶段，面粉食品开始登上历史舞台。中国传统面粉食品众多，如馒头、饺子、面条、包子等，素以制作精致、品种丰富著称，是美食文化的重要组成部分。

馒头是北方的主食，在先秦时期，面粉的发酵技术就已萌芽，经过秦汉时期的实践，在魏晋南北朝时期这一技术被普遍使用，蒸笼等炊具也在这一时期被广泛使用，馒头制作技术得到提高。馒头不仅营养丰富、松软可口，而且品种越来越多，如戗面馒头、肉馒头等，而且还衍生出了花卷、荷叶饼、银丝卷、糖三角等品种。

饺子在中国有 2600 多年的历史，最早记载饺子做法的文字出现在儒家经典《礼记》里。但饺子究竟源自何朝何代谁人之手，却是众说纷纭。如民间有这样的传说：女娲捏土造人时，由于天寒地冻，黄土人的耳朵很容易冻掉。为了使耳朵能固定不掉，女娲在人的耳朵上扎一个小眼，用细线把耳朵拴住，线的另一端放在黄土人的嘴里咬着，这样才算把耳朵做好。老百姓为了纪念女娲的功绩，就包起饺子来，用面捏成人耳朵的形状，内包有馅（线），用嘴咬吃。此外，人们比较认可的饺子祖师爷还有两位，一说是医圣张仲景，一说是唐太宗李世民。张仲景是东汉名医。有一年冬天，他见白河两岸许多乡亲耳朵冻得生疮溃烂，非常同情。于是，他就让学生搭棚支锅，把羊肉、辣椒和驱寒药材一起煮熟后捞出切碎，用面皮包成耳朵形状的“娇耳”，再煮制成“祛寒娇耳汤”。每人两只娇耳、一碗汤，服后周身血液上涌，两耳发热，寒气顿消，生了冻疮的耳朵很快就治好了。每年冬至人们都

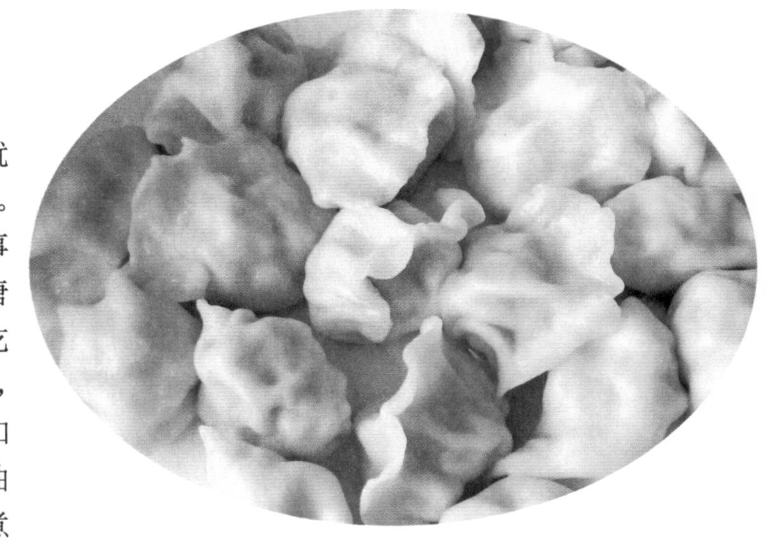
◇饺子

要吃饺子，传说就是为了纪念张仲景。“李世民说”的故事是这样的：相传唐太宗李世民喜欢吃丸子，却又怕油腻，就让厨师在肉中加菜，结果无论是油炸还是在开水中煮都不能成形。厨师灵机一动，就用面皮包住菜肉馅用水煮。唐太宗见到这怪模怪样的食品，就问是什么。厨师急中生智，就说这是用面皮包的丸子，因为比较牢固，就叫“牢丸”。唐太宗品尝之后，连连称好，从此“牢丸”就成为重大节庆的标志性食品。

面条源自汉代的汤饼，实际上就是一种面片汤，把面团撕成片下锅煮熟。《齐民要术》里记载了“水引饼”的做法，就是先把面揉搓到筷子粗细，然后在锅边上揉搓到韭菜叶般轻薄，这时的面片就已经很类似于现在的宽面条了。到西晋时候，已经出现了细条状的汤饼。唐代称面条为“馎”，此时还出现了过水凉面——冷淘，其做法就是采青槐嫩叶捣汁和面，做成细面条，煮熟后放入冰水中浸漂，其色鲜碧，然后捞起，以熟油浇拌，放入井中或冰窖中冷藏，食用时再加作料调味，就成为爽心适口的消暑佳食。到了宋代，面条成为定名，而且还发展出了炒、焖、煎等不同做法。元代出现了挂面。时至今日，面条的做法更是洋洋大观、不胜枚举，如北京炸酱面、山西刀削面、武汉热干面、四川担担面，都已经成为闻名全国的美食。

◇炸酱面

包子的起源与馒头的产生密切相关，只不过一者有馅料一者无馅而已。北方地区往往称无馅者为馒头或馍，有馅者为包子。包子的起源相传与诸葛亮有关：三国时期诸葛亮七擒七纵蛮将孟获，班师回朝经过泸水时突然风浪大起，大军无法渡过。询问当地土人，方知阵亡将士孤魂作怪，需用人头祭江才可风平浪静。诸葛亮不愿再造杀孽，于是以米面为皮，内包肉食，做成人头形状祭河，遂风平浪静，得以渡河。从此民间就有了包子，诸葛亮也被尊奉为面塑行的祖师爷。

◇担担面

（2）大米食品。米文化是中华美食文化的重要内容，用米为原料制作的美食数不胜数又风味各不相同，极大地推动了中华饮食文明的发展。中国的米、米粉食品种类繁多，米饭、米粥、米粉、米线、米粽等不一而足，现仅择其要略加介绍。

◇包子

米饭产生较早，有“黄帝始蒸谷为饭”之说，早在商周时期，就已有用糯米做饭的记载。战国时期，米饭已成为长江以南地区的主食。随着烹调工艺和烹调器具的发展成熟，以及地区、民族饮食习惯的不同，米饭的做法也越来越多。最常见的做法是将米洗净加水蒸煮而食，简单易做，这已成为很多地区百姓的日常主食。除此之外，还有很多风味做法，如最早产生于

◇八宝饭

魏晋时期的乌饭。乌饭制法古今略有差别，明代的基本做法是：先将米蒸熟、晒干，再浸乌饭树叶汁，复蒸复晒九次，成品米粒坚硬，可久贮远携，用沸水泡食。如今，在苏南、广东等地仍有此制法。又如八宝饭，以糯米及其他八种干鲜果品为主料蒸制而成。全国各地皆有制作，尤以江南地区烹制的八宝饭最为著名。再如傣族等民族有“竹筒饭”，将洗净的米装入竹筒中，密封后于火上烧烤而成，味道清香，口味独特。新疆维吾尔族等少数民族有羊肉抓饭，将羊肉等炒熟后加水，放入大米煮焖成饭，以手抓食，别有滋味。

米粥，又名“糜”，即煮米使其糜烂也。传说米粥也是黄帝时期出现的，汉代以后粥品越来越丰富，南宋时期在临安坊肆中就有五味粥、绿豆粥、糖粥等多种粥品叫卖，且不同时令有不同的粥品。明清之际，粥品更是琳琅满目，《本草纲目》的“粥”中收录粥品五十多种，清《粥谱》中著录粥品二百多种，可见当时粥之受欢迎程度。除了日常饮食中常见的白粥、八宝粥等，莲子粥、燕窝粥、百合粥等粥品也颇受

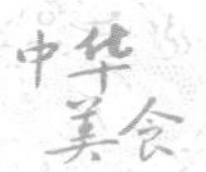

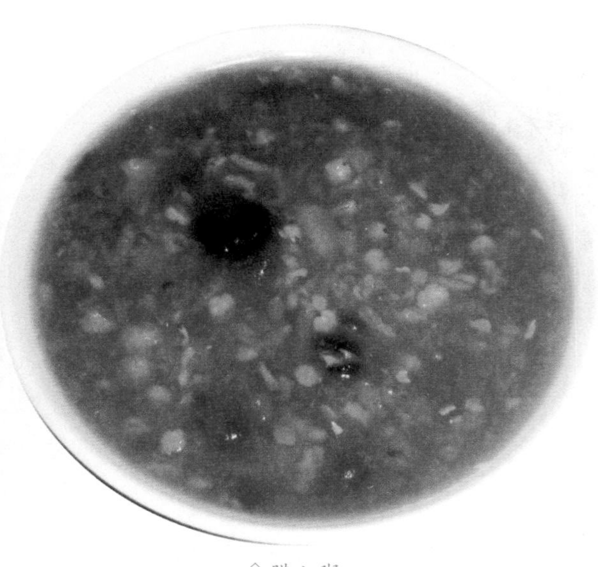
◇腊八粥

欢迎。腊八粥更是成为中国美食文化的重要组成部分。腊八即农历十二月初八日，相传腊八食粥与佛祖释迦牟尼在此日得道成佛有关，因此腊八粥又称佛粥。最晚从宋代以来，每逢腊八，不论是朝廷、官府、寺院还是黎民百姓家都要做腊八粥。到了清代，喝腊八粥的风俗更是盛行。在皇宫，帝王要向文武大臣、侍从宫女赐腊八粥，并向各个寺院发放米、果等供僧侣食用。在民间，普通百姓也要做腊八粥祭祀祖先。著名的雍和宫腊八粥，除了江米、小米等五谷杂粮外，还加有羊肉丁和奶油，粥面撒有红枣、桂圆、核桃仁、葡萄干、瓜子仁、青红丝等。各地腊八粥名称虽相同，但配料却各有特色，红枣、莲子、核桃、栗子、杏仁、松仁、桂圆、榛子、葡萄、白果、菱角、青丝、蜜饯、土豆、红薯、玉米、扁豆、黄豆、红豆、蚕豆等皆可作为食材，使八宝粥呈现出不同的口味，极大地丰富了美食的内容。

米粉和米线是用粳米制成米浆或细粉后，再加工而成的食物。魏晋南北朝时期，米粉和米线就已经出现，在当时被称作“粲”。隋唐时期米线和米粉在制作上都有一定的改进。到宋代，江西生产的米线已经颇有名气。明《宋代养生部》中收录了两种米线的详细做法。清代以来，更出现了许多全国闻名的米粉和米线品种，如广西的“马肉米粉”和云南的“过桥米线”等，成为当地的特色美食。

◇炒米线

米粽也是非常受欢迎的一种美食，更因其与端午节的紧密联系而成为中华美食文化中极富特色的内容。粽子又称“角黍”“筒粽”，是端午节的节日食品，由粽叶包裹糯米蒸制而成。其包裹材料还可以是竹筒、竹叶、荷叶等，馅料除糯米之外，还可以加枣、栗子、红豆、火腿、豆沙等。关于粽子的起源有多种说法，如祭祖说、祭天神说、祭鬼说、夏至食粽说、祭屈原说等。其中，祭屈原说影响最大、流传最广。端午食粽的风俗不仅是中华民族的风俗，而且也流传到朝鲜、日本及东南亚诸国。

◇粽子

除了以上所介绍的米、面等主食外，可供下饭的各种食品都称为副食，按其原材料分大致有蔬菜制品、肉制品、豆制品、蛋制品等，它们也是中华饮食文化中不可分割的重要组成部分。

（3）蔬菜制品。蔬菜一般是对可以做菜食用的植物的总称。除了用蔬菜做原料烹调菜品外，一部分蔬菜还可制作成腌菜和酱菜。腌菜又叫泡菜。蔬菜腌制是一种古老的蔬菜加工贮藏方法，主要是为了应对蔬菜在淡季供应不足和食用方便而制作的，最初多为家庭式的自制自食。由于腌菜的加工方法与设备简单，所用原料可就地取材，故在不同地区形成了许多独具风格的名特产品，如重庆涪陵榨菜、四川泡菜、山西酸菜等。酱菜与腌菜的起源和功用差不多，实际上是一种加入调味品的腌菜。中国酱菜大略可分为北味和南味两种。北方的酱菜较咸，如北京的六必居酱菜、保定酱菜等。南方酱菜较甜，如扬州酱菜。清嘉庆年间（1796 ～ 1820），六必居就以出售豉油而闻名京师，后逐渐发展成为前店后厂式制售

◇六必居酱菜

酱菜的酱园。六必居酱园选料严格，制作精细，所有原料均精选当季新鲜食材，生产的酱菜酱香浓郁、口味独特，很受欢迎。扬州酱菜相传起源于汉代，唐代已广受好评，传说鉴真和尚曾将其制作方法传入日本并广为流传，日本人至今能循旧法制作。乾隆年间，扬州酱菜曾被列入宫廷早晚御膳的小菜。扬州酱菜既保持瓜果蔬菜清香味，又有浓郁的酱香味，鲜甜脆嫩，甜咸适中，色泽明亮，块型美观，是酱菜中的佼佼者。

（4）肉制品。自远古以来，肉类就是人类饮食的重要组成部分，人们普遍食用的肉制品种类有畜类、禽类及水产品等。畜类原料是指可供饮食利用的哺乳动物原料及其制品。禽类原料是指家禽的肉及其制品的总称，也包括未被列入国家保护动物名录的野生禽鸟类原料。水产品的种类很多，按商品可以分为鱼、虾、蟹、贝等类。中华美食中很多名菜都是用肉类为原材料做成，如涮羊肉、北京烤鸭、糖醋鱼、香辣蟹等，这些美食经常成为历代文人墨客和美食家歌咏的对象，成为中国传统文学的重要命题。如仅以蟹为例：金秋赏菊食蟹是历代的传统，中国很多俗语诗句与蟹有关。如“一蟹不如一蟹”：艾子周游列国，在海上见蝤蛑，继见螃蟹及彭越，形皆相似而体愈小，因叹曰：“何一蟹不如一蟹也！”这句话现在仍被广泛使用，诙谐幽默地形容了一个不如一个、越来越差的情形。又如苏轼写过几首与蟹有关的诗歌。如“堪笑吴中馋太守，一诗换得两尖团”即为东坡自况，“尖

◇大闸蟹

团”指的就是螃蟹，因雄蟹尖脐，雌蟹圆脐而得名。食蟹之美味和乐趣更为历代文人雅士多所描绘，正是“四方之味，当许含黄伯第一”。“含黄伯”即指蟹。陆游诗曰：“蟹肥暂擘馋涎堕，酒绿初倾老眼明”，写尽了就酒啖蟹的个中滋味。蟹如此美味，自然有人对其烹制之法多有研究。北魏贾思勰《齐民要术》、宋朝傅肱《蟹谱》、宋朝高似孙《蟹略》、元朝倪瓒《云林堂饮食制度集》、清朝李渔《闲情偶寄》等均载有蟹的烹制方法，充分体现了历代文人对蟹的偏爱。

（5）蛋制品。蛋制品包括以鸡蛋、鸭蛋、鹅蛋或其他禽蛋为原料加工而制成的蛋类制品。除了用蛋做原料烹调菜品外，中华美食中相当大的一部分蛋制品是松花蛋和糟蛋、腌蛋。松花蛋又称皮蛋、变蛋，是中国一种传统的风味蛋制品。它以鲜鸭蛋或其他禽蛋为原料，经由纯碱、生石灰、盐或含盐的纯净黄泥、红泥、草木灰等腌制而成，口感鲜滑爽口，色香味均有独到之处，而且还有一定的药用价值。王士雄《随息居饮食谱》中说：“皮蛋，味辛、涩、甘、咸，能泻热、醒

◇松花蛋

酒、去大肠火，治泻痢，能散能敛。”中医认为皮蛋性凉，可治眼疼、牙疼、高血压、耳鸣眩晕等疾病。松花蛋不仅为国内广大消费者所喜爱，在国际市场上也享有盛名。

（6）豆制品。中国是世界上最早种植大豆的国家，也是最早利用大豆制成豆制品的国家。相传豆腐是西汉淮南王刘安在炼丹时偶然以石膏点豆汁制成的，距今已有两千多年的历史。五代时，豆腐已在南北食物市场上出现。据《清异录》记载，豆腐当时被称为“小宰羊”，时人认为豆腐的食用价值可与羊肉相提并论。宋代，豆腐作坊在全国普及，山东的泰安豆腐、安徽的八公山豆腐、湖北的黄州豆腐、福建的上杭豆腐、河北正定府的豆腐等，都颇有名气。臭豆腐也是一种非常有名的美食，距今已有近千年的历史，其最风光的时代可追溯到清光绪宣统年间，慈禧太后赐名“青方”，使得臭豆腐立即名扬天下。除豆腐之外，中国传统豆制品还有豆腐干、油豆腐、五香豆干、腐竹、豆豉、豆浆、豆奶、绿豆粉丝等，皆营养丰富，深受欢迎。

◇豆腐

2. 调味品

调味品是在饮食、烹饪中用于调和滋味和气味，并具有去腥、除膻、解腻、增香、增鲜等作用的原料，盐、酱、醋、味精、糖、香辛料（如八角、茴香、花椒、芥末）等都属此类。中华美食运用调味品的起源非常早，在《尚书》里就有古人用盐和果酸来调味的记载。商代时出现了多种谷物酿造的酒，除了供饮用之外，还可以用作调料，用来解毒、去腥，增加菜肴的香味。此时，酱、醋也被制造出来。周代还有“饴蜜”等调味的调料。《礼记》记载肉食必用“姜桂”，姜就是生姜，桂就是桂皮，证明生姜、桂皮等也早已用来调和味道，足见中国在调味品使用上的丰富多彩和源远流长。下面介绍盐、醋、酱油、香辛料等几种常见的调味品。

五味之中咸为首，所以盐在调味品中位列第一。传说黄帝时有个叫宿沙的诸侯，以海水煮卤制成盐。“宿沙作煮盐”可视为中国海盐业的开端，宿沙也因此被后世称为“盐宗”而得到供奉。古代盐的种类很多，明代《天工开物》就将盐分为海、池、井、土、崖、砂石等六种，海盐只是其中之一。就目前来看，中国人日常食用之盐，沿海多用海盐，西北多用池盐，西南多用井盐。海盐中，淮盐为上；池盐中，河东盐居首；井盐中，自贡盐最好。古人对盐的使用已有较为科学的认识，认为：“喜咸人必肤黑血病，多食则肺凝而变色。”又如《调鼎集》说：“凡盐入菜，须化水澄去浑脚，既无盐块，亦无渣滓。”再如做菜时候，要注意一切作料先下，最后下盐方好，“若下盐太早，物不能烂。”这些认识至今仍有一定的参考价值。

酸早就被列为五味之一，醋未诞生前，古人已用梅调制酸味，即《尚书》所言之“若作和羹，尔惟盐梅”。中国是世界上最早用谷物酿醋的国家，国人酿醋已有三千多年的历史。相传醋是由酒的发明人杜康之子黑塔发明的。南北朝时期，醋的酿造工艺已经比较成熟，北魏贾思勰所著《齐民要术》介绍的制醋方法多达 23 种。唐宋时制醋业有了较大发展，醋开始进入百姓之家，南宋吴自牧《梦粱录》中就有“人家每日不可缺者，柴米油盐酱醋酒茶”之说。明清时，醋的品种日益增多，李时珍《本草纲目》记有“米醋”“糯米醋”“粟料醋”“小麦醋”“大麦醋”“饧醋”“糟糠醋”等多种配方。

醋自从问世以来，与人们的生活结下了不解之缘，并不知不觉地融入中华文化，关于醋的掌故、习俗甚多。如唐代《朝野佥载》记有这样一则故事：唐朝宰相房玄龄的夫人好嫉妒，唐太宗有意赐房玄龄几名美女做妾，房不敢接受。太宗知是房夫人执意不允，便召玄龄夫人令曰：“若宁不妒而生，宁妒而死？”意思是，若要嫉妒就选择死，并给她准备了一壶“毒酒”。房夫人面无惧色，当场接过“毒酒”便一饮而尽。其实李世民给她的毒酒只是一壶醋。李世民与房夫人开了个玩笑，于是就有了“吃醋”之典。又如民间有泡“腊八醋”的风俗，腊月初八，用熏醋泡上去皮的蒜瓣，密封于坛罐内，二十多天后，醋色泽深红，味酸微辣，这就是“腊八醋”，或称“腊八蒜”。除夕夜吃团圆饺子时，这“腊八醋”便是不可缺少的作料。除了调味，醋还有药用，《本草纲目》记载：“醋可消肿痛，散水气，杀邪毒，理诸药。”如今，醋已经成为百姓餐桌上不可缺少的重要调味品。醋的品种繁多，风味各异，其中著名的有山西老陈醋、四川保宁醋、福建江曲老醋、镇江香醋等。

孔子云“不得其酱不食”，《清异录》认为“酱，八珍主人也”，足见酱在古代美食文化中的重要地位。先秦时期中国古籍已有对酱的记载，从文献看，酱在当时是奢侈的调味品，食酱者多是天子、王公等上层贵族。《说文解字》中说：“酱，醢也，从肉酉。”可见最早的酱应是肉酱。西汉时期，出现了以大豆为原料制作的酱，是从先秦时期的酱演变而来的新品种。东汉《四民月令》中出现“清酱”一词，据推测或许就是后世的“酱油”，今天在中国北方某些地区还把酱油称为清酱。南北朝时期，酱的生产和制作又有了进一步的发展。《齐民要术》有“作酱法”一章，专门论述了各种酱的制法。唐代，酱的制作工艺比北朝时又有了进步，用的是一次制成的“酱黄”，将其晒干后，随时都可制酱，这种方法直到今天还在沿用。民间在制酱，宫廷也在制酱。唐代柳玭在其家戒中说，“孝悌忠信乃食之醢酱，岂可一日无哉”，说明了当时酱已经成为人们日常饮食中不可缺少的调味品。元明清时期，更出现了许多不同种类的酱：小豆酱、芝麻酱、乌梅酱、蚕豆酱、米酱、清酱、辣椒酱、果仁酱等。随着酱的品种不断增加，酱不仅是一般的佐食调料，而且开始被广泛用于制作各种菜肴，如酱瓜、酱切肉、上品酱蟹、酱肚、酱烧核桃等。如今，全国各地还出现了一些很有地方特色的优质酱品种，如北京烤鸭面酱、六必居花生辣酱、芝麻辣酱、北京王致和腐乳酱、天津蒜蓉辣酱、四川豆瓣酱、广东调味酱、安庆蚕豆辣酱等。

香辛料是食品赋香、增香、提味、增色的重要配料，多为植物的种子、花蕾、叶茎、根块等。夏商时期，已有“香之为用，从上古矣”的文字记载。春秋战国时期，屈原在《九歌》写道，“蕙肴蒸兮兰藉，奠桂酒兮椒浆”，其中蕙、桂、椒即是制作美食所用的香料。中华美食所用调味香辛料种类繁多，仅择花椒一种略加介绍，以体现中国饮食对香料的使用和重视。花椒入食在中国有着悠久的历史，早在《诗经》中就有“椒聊之实，繁衍盈升”的描述。古人常将花椒与酒混合，称作“椒酒”。汉未央宫曾建有“椒房”，即“以椒和泥涂壁，取其温而芳也”。南北朝时《齐民要术》特别记载种植花椒之法，多次提到用之调味，并论及花椒的药用价值。明代李时珍在《本草纲目》中明确指出“其味辛而麻”的特点。历代文人墨客赞颂椒酒、椒房的诗句和文章也不少。中国各地都产花椒，其中不乏名品，如汉源花椒，从唐朝就被列为皇室贡品，一直到清末免贡为止。时至今日，汉源花椒依然是川菜中重要的调味品。除此之外，中华美食中常用的香辛料还有辣椒、姜、大蒜、香葱、胡椒、肉桂、大茴香、小豆蔻、丁香、肉豆蔻、洋苏叶、薄荷、孜然等，极大地丰富了中华饮食的口味。

◇四川豆瓣酱

三 饮食器具

自从人类学会用火，无论是烧热的石块还是盛水的天然器具，都不是人类为了饮食需要而主动发明的工具。饮食器具的发展史，可自陶器发明算起。陶器的发明具有划时代的变革意义，人类社会从此进入了新石器时代，此后才有了专用于烹食、盛食、进食的器具。从此开始，饮食器具成为中华美食文化不可缺少和极富特色的一部分，从陶器、青铜器、瓷器、金银器等使用价值与美学价值兼具的饮食器具中，可以看到中华美食文化蕴含的造物思想和文化传统。由于饮食器具种类繁多，特将其分为炊具和餐具两类，对其中使用范围最广、最有代表性的几种加以介绍。

1. 炊具

俗话说“无炊不成饭”，可以看出炊具在饮食器具中的重要地位。炊具是通过煮、蒸、炒等手段，将食物原料加工成食品的器具。在所有炊具中，灶是以火饮食的基本保障，而灶上所用的釜、甑、锅、笼屉等也是烹饪的必备器具。

◇新石器时代陶炉灶

“无灶不成炊”充分说明了灶在饮食文化中的基础地位。火被运用于食物制作之后，灶也应运而生。灶具的形成大致经历了篝火、火塘、火灶、火炉四个阶段。人类用火初期，直接使用篝火，后发展为掘地为灶即火塘，继而发展为就地垒起的灶，称为火灶，可以移动的灶称为火炉。最原始的灶是在地上挖成的土坑，直接在土坑内或再于其上悬挂其他器具进行烹饪。这种灶坑在新石器时代广为流行。新石器时代中期发明了可移动的单体陶灶，为商周秦汉各代所继承，并发

◇新石器时代陶鏊

展出了铜或铁铸成的炉灶。秦汉以后，绝大多数炊具必须与灶相结合才能进行烹饪活动，灶因此成为烹饪活动的中心，“灶神”的出现更是体现了灶在中华美食文化中的重要性。灶神，也称灶王、灶君、灶王爷、东厨司命等。据记载，祭灶神的习俗在先秦时已经流行。在中国古代农村中，几乎家家户户的灶上皆供有灶神的牌位。灶神“受一家香火，保一家康泰，察一家善恶，奏一家功过”，除了负责掌管人类日常饮食、给予生活上的便利外，他还负有向玉帝汇报人间善恶的职责，因此备受世人崇敬。灶神左右随侍两神，一捧善罐，一捧恶罐，随时将一家人的行为记录保存于罐中，年终时向玉帝报告。每年十二月廿四日是灶神离开人间向玉帝禀报全家人一年中所作所为的日子，所以家家户户都要“送灶神”。送灶神的供品一般都用又甜又黏的美食，目的是请他在玉帝面前多说些好话，因此，祭灶神象征着

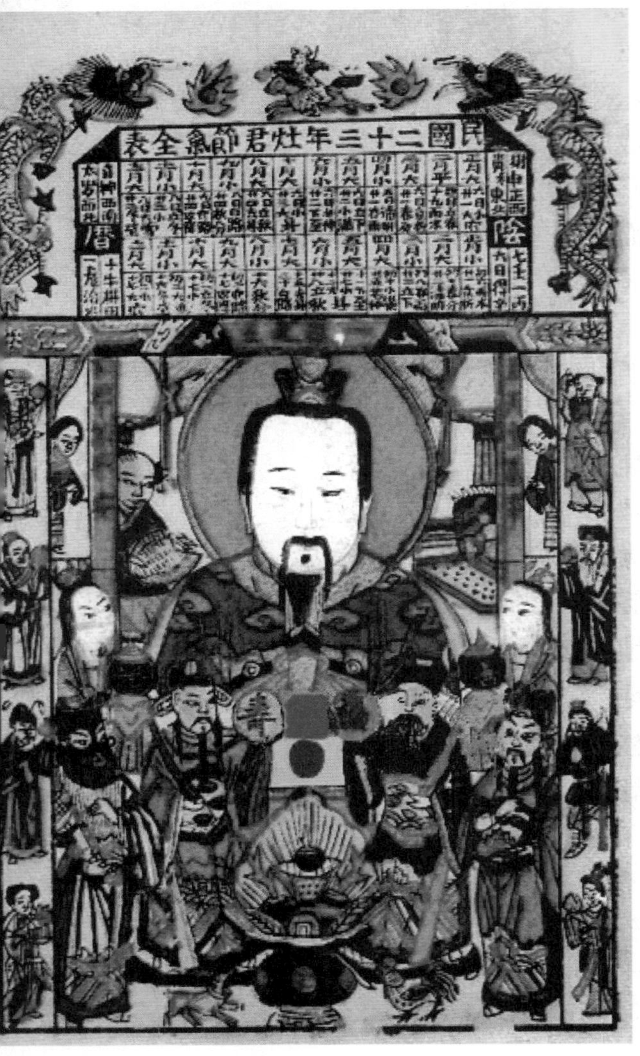

◇灶神像

祈求降福免灾。

人类会用火后，对烹饪器具便有了更多的需求。用火初期，石头、树皮、树叶、竹子甚至动物的皮和胃都可以用来当作烹饪的器具，石烹、皮烹、包烹、竹烹等方式都是在陶釜发明之前被古人用过的烹调方式。新石器时代陶釜出现，釜逐渐成为烹饪不可或缺的工具。陶釜可以说是中华饮食历史上最早的锅，它的诞生标志着专门炊具的诞生。随着时代的发展，商周时期出现了铜釜，秦汉以后又有铁釜。秦汉至南北朝，青铜炊具的地位急剧下降，铁质炊具得到推广和普及，由铁釜演变而成的铁锅成为延续至今的基本炊具。釜单独使用时，需悬挂起来在底下烧火，大多数情况下，釜是放置在灶上使

◇商代晚期青铜夔足鼎

用的。除此之外，在古代还出现过多种功用与釜相同的器具，如鼎、鬲、甗、鬵、甑、斝等。在古代尤其是在先秦时期，釜、鼎等炊具不仅是饮食器具，也寄托了先民的宗教意识和审美观念。如铜鼎多在礼仪场合使用，进而成为国家政权的象征，春秋战国之时，铜鼎的成型与装饰越来越精美，器具上的纹饰和文字也成为研究先秦历史的重要资料。

◇商代晚期青铜汽柱甑形器

笼屉是制作主食的重要炊具，它的使用由来已久，其雏形是古代的甑。甑最早用陶制成，后出现铜甑，器形为直口立耳，底部有小孔便于蒸汽流动，只有与釜、鼎等炊具组合起来才能使用。蒸煮食物时，将甑放置在釜或鼎上面，釜或鼎内开水产生的蒸汽透过甑底部的小孔升腾，便将甑内的食物蒸熟。后来，出现了以竹、木制成的笼屉代替甑来蒸制食物。旧时上好的笼屉采用东北椴木或柳木，经过几十道工序制作而成，如今更多的笼屉是用金属制作而成。笼屉不仅是制作馒头、包子等主食的炊具，很多菜式的制作也离不开笼屉，

◇沔阳三蒸

如沔阳三蒸等。从蒸菜的受欢迎程度可以看出笼屉对中华饮食文化的影响。

2. 餐具

中国的饮食文化讲求色、香、味、型、器俱全，除了食物本身要美味，还需要饮食器具的锦上添花，“美食不如美器”的说法便充分体现了餐具的重要性。本节所指的餐具主要指进食过程中用来盛装食物的碗、盘、碟等盛餐器具以及筷、匙、叉、勺等进餐器具。

（1）盛餐器具。新石器时代的盛餐具基本是陶器，多为纯净的黏土烧制后磨光而成，表面细腻光滑，极富美感，主

◇新石器时代彩陶碗

◇新石器时代螺旋纹彩陶瓮

要形制有盘、盆、碗、盂、钵、俎、案、盒等。夏商周时期，出现了青铜制作的餐具。青铜餐具呈现出形状多样、做工精致美观、坚固耐用等特点，对后世饮食餐具的造型有深刻影响。由于青铜器具也往往用于祭祀活动，因此餐具与文化的结合越来越紧密。此时，陶制餐具仍在民间流行，并产生了原始青瓷制作的餐具。汉代至南北朝时期的盛餐器具处于从陶器、原始瓷器向瓷器的过渡阶段，这一时期，陶、原始青瓷、铁、竹木等多种材质制作的餐具并行存在，甚至还出现了玻璃器皿；盛食器具主要有碗、盘、盆、罐等，今天中国人所使用的餐具在此时已基本齐了。值得一提的是漆器曾被制作为饮食器具并一度在上层贵族中流行。漆器在河姆渡文化时期已经出现，春秋时期流行于楚国等地。漆器的胎骨有木、竹、藤等，所制成的餐具有碗、豆、盒、盘、勺、筷、案等。但由于漆器成本太高，使用时禁忌太多，在三国后便渐渐退出餐具领域。隋唐至明清的餐具史，基本上可视为同时期的瓷器史。金银器和漆木器依然存在并有所发展，但始终是餐具家族的点缀而不是主流。隋唐时期瓷器开始兴盛，宋代瓷业达到历史上的高峰，出现了从钧、汝、官、哥、定为代表的官窑和以磁州窑为代表的庞大民窑。元明清三代，青花瓷和五彩、粉彩、珐琅等彩瓷相继粉墨登场，精彩纷呈。所有这些窑场的产品绝大部分就是碗、盘类餐具，餐具进入了真正的瓷器时代。中国餐具的材质多种多样，陶器、

◇哥窑葵瓣口瓷盘（宋）

◇汝窑青釉盘（宋）

◇景德镇窑青花龙纹碗（元）

◇五彩仙人渡海图盘（明）

青铜器、漆器、瓷器、金银器等不一而足，其造型也是千变万化，现择其要者略加介绍。

盘是盛食容器的基本形态，自产生后一直是中国人餐桌上不可或缺的用具，成为中国餐具中形态最为普通而固定、流行年代最为久远的品类。最为常见的食盘是圆形平底的，偶有方形，或有矮圈足。

碗形制似盘，但更深一点，形体稍小，也是中国炊食用具中最常见、生命力最强的器具。它最早产生于新石器时代早期，商周时期稍大的碗在文献中称为盂，既用于盛饭，也可盛水。碗中较小或无足者称为钵，也是盛饭的器皿，后世专以钵指称僧道随身携带的小碗，故有“托钵僧”之谓。

平板下安有足称为俎。俎既可用来放置食品，也可用作切割肉食的砧板。案的形态功用与俎相近，但秦汉以来多言

◇春秋时代镂孔青铜俎

案而少称俎。食案大致可分两种，一种案面长而足高，可称几案，既可作为家具，又可用作进食的小餐桌；另一种案面较宽，四足较矮或无足，上承盘、碗、杯、箸等器具，专作进食之具，形同现今的托盘。自商周以至秦汉，案多陶质或木质，鲜见金属案，木案上涂漆并髹以彩画是案中的精品，汉代称之为“画案”。

两碗相扣称为盒。盒产生于战国晚期，流行于西汉早中期，有的盒内分许多小格，自西汉至魏晋，流行于南方地区，被称为八子槅，后也发展出方形，统称为多子盒，无盖的多

◇汉代漆盒

子盒称为格盘，此类器具均是用来盛装点心的，但扣碗形的食盒也一直在使用，不过由陶器变成漆木器或金银器了。

中国的盛餐具种类丰富，形态多样，实用美观，但是餐具的美不仅仅体现在餐具本身的材质、造型和装饰，也体现在餐具与美食的和谐搭配。首先，不同质地的菜点，应配以不同品种的器具，视菜肴质地的干湿程度、软硬情况、汤汁

多少，配以适宜的平盘、汤盘、碗等，这不仅仅是为了审美的需要，更重要的是为了便于食用。例如，平底盘盛装爆炒菜，汤盘盛装烩制菜，椭圆盘盛装整鱼菜，深斗池盛装整只鸡鸭菜，莲花瓣海碗盛装汤菜等。其次，菜肴与器具在品质、规格等方面要相称，不可差距过大。造型菜肴选料精、做工细、成本高，身价高于普通菜，盛装器具宜美宜精，而且要讲求花色配套，力求做到菜肴与器具和谐统一。只有美食与美器的完美搭配，才能更好地体现美食的味道。

（2）进餐器具。饮食活动中，将烹饪好的食物从炊具中取出放入盛食器，再从盛食器中取出食用，这两个过程所需要的中介工具就是进餐器具。考古学提供的证据表明，古代中国人使用的进餐用具，主要有勺和筷子两类，还曾一度用过刀叉。其中又以筷子最有特色，它历三千余年而无功能和形态的实质变化，因而被视为中华国粹的一种，成为饮食文化的象征。

勺在功能上大致可分为两种，一种是从炊具中捞取食物放入盛餐具的勺，同时可兼作烹饪过程中搅拌翻炒之用，古称匕，类似今天的汤勺和炒勺。另一种是从餐具中舀汤入口的勺，形体较小，古称匙，即今天所俗称的调羹。但早期的餐勺往往是兼有多种用途的，专以舀汤入口的小匙应是出现在秦汉以后。距今七八千年前的新石器时代，中国先民已使用骨片、蚌片等磨成的勺子进食，多为匕形和勺形。很多餐勺在柄端还凿有系绳的小孔，便于随身携带。进入青铜时代，铜质勺子出现。西周时期的铜勺，勺体造型呈尖叶状，柄部宽大扁平。春秋战国时出现了长柄舌形勺，它的柄部较细，勺体已改为椭圆状的舌形。从战国时代开始，窄柄舌形勺子成为中国古代餐勺的主流形态，一直沿用至今。战国时期还

◇战国早期金盏、金漏勺

出现了漆木餐勺，造型亦取窄柄舌形勺的样式，整体髹漆，通常还描绘有精美的几何纹饰。秦汉时期，餐勺的造型和制作材料基本沿袭了战国传统，尤其是漆木餐勺在南方地区的贵族餐桌上非常流行。考古资料证明，最迟在东汉时期，出现了银质餐勺。秦汉以来，餐勺的材质、造型基本稳定。漆木、白银、黄金、牛角、铜等各种材质都成为制作餐勺的材料。餐勺的造型基本为舌形勺；勺柄则略有改进，多为扁平窄柄，也出现了圆柱形的细柄，这些改良使得餐勺更加实用，更受百姓欢迎。

由于餐叉未成为中国人首选的进食餐具，并曾长期缺位于古代中国人的餐饮生活，以至于很多人并不了解中国古人也曾制作和使用过餐叉。在新石器时代，中国人已使用餐叉。它同餐勺一样，起初都是以兽骨为材料制作而成。战国之前，

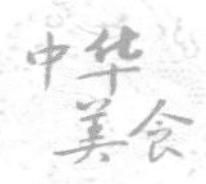

古人一直沿袭使用餐叉的传统。战国时代，上流社会重视使用餐叉，考古发现的战国餐叉铜制居多，形制多为双齿，有时手柄部还有纹饰。战国以后，各地出土餐叉实物很少。元代，考古发现有餐叉餐刀被共同使用的情况。综合古代史料和考古发现可以看出，虽然餐叉在新石器时代就已经发明，但只是在商周至战国时代比较流行，在其他时代使用并不广泛。随着中西饮食文化交流的增多，餐叉又逐渐被更多的中国人重新了解和接受，在当代美食文化中发挥自己的作用。

◇筷子

筷子古称为“箸”。明代苏州地区行船讳住、讳翻，因此改“箸”为快（筷）儿，这一称呼沿袭至今。自从筷子出现以后，它便与餐勺一起，为人们的进食分担起不同的功能。考古学提供的实物证据表明箸的出现要晚于餐勺，据推测箸最早应是以木棍为之，最迟殷商晚期已经出现了经过打磨的象牙箸，商代墓葬中也出土了大量的青铜箸实物。春秋战国时期还出现了铁箸。秦汉时期箸筷的数量和种类得到发展，筷子已经成为汉代日常生活中普遍使用的主要食具。考古发现汉代的箸除铜箸外，多见竹箸，如马王堆汉墓出土的竹箸，放置在漆案上，案上还放置有小漆盘、耳杯和酒卮等饮食器具。有的竹箸出土时被发现放置在竹质箸筒里，有的箸筒还彩绘有几何纹图案。从出土实物来看，汉代的箸大多首粗足细，大体为圆柱形，长度一般为25厘米上下，直径多数0.3厘米左右。大量绘有用箸进食图像的画像砖可证明，魏晋南北朝时用箸也很普遍。隋代出现了银筷，避免了铜箸和铁箸因氧化而影响食物口味的缺点，文献记载唐代还有金箸和犀箸。隋唐时期的箸，大都为首粗足细的圆柱形，亦有首足较细中部略粗者。至宋元时期，出现了六棱、八棱形箸，材质也日渐奢华，出现了犀牛角、玉石、珊瑚、乌木、楠木、越王竹等名贵材质制作而成的筷子。明代筷子由前代的首粗足圆柱形改为首方足圆形，它不易滚动，夹菜更加容易，且更便于工匠在箸面上题诗、刻字、雕花，为生产更精美的筷子奠定了基础。特别值得说明的是，明清时代甚至出现了以制筷闻名的工匠，如明末清初，云南工匠武恬便以制作烙花筷子而闻名遐迩。

在中华传统文化中，筷子历来被视为吉祥之物。筷子的身影经常出现在各民族的婚庆礼仪中，成双成对的筷子代表着和睦相处、快快乐乐、快生贵子等美好的祝福。筷子外形直而不弯，因此古代文人视其为宁折不弯、刚正不阿的象征。在中国几千年使用筷子的传统中，形成了许多约定俗成的用筷礼仪和禁忌。如用筷忌以筷击碗或桌，称敲筷；忌举筷不定，称迷筷；忌以筷从汤中捞物，称泪筷；忌将筷放口中吮汁，称吸筷；忌以筷作牙签挑牙缝，称剔筷；忌以筷从碗底挑菜拣食，称翻筷；忌以筷当叉戳食，称刺筷；忌持筷撕扯口中食物，称拉筷；忌将双筷直插在饭碗中，称供筷；忌持筷说话点人，称指筷；忌将同一双筷子分别摆放在餐具左右，称分筷。以上这些都表明筷子已不仅仅是进餐工具，它也早已成为中国民俗文化和饮食文化中不可分割的重要内容。

四 烹调工艺

“手工操作，经验把握”是中国传统烹调的基本文化特征，技巧高超向来是美食制作者的最高追求，这也使得中国烹调工艺得以不断丰富和发展。下面从刀工技法、烹食手法、调味技艺、火候控制四个方面来介绍中华美食的烹调工艺。

1. 刀工技法

烹饪行业的人常说“三分炉子，七分墩子”，这句话强调的就是刀工技艺在烹调工艺中的重要性。刀工是根据菜肴烹调和食用的需要，将原料加工成最适宜的形状的操作技艺。在旧石器时代，人类已懂得运用简单的石刀、石斧来切割大块的食物。经过青铜工具、铁器工具的运用，刀工技术逐渐得以发展。刀工是构成中国烹饪视觉审美的重要条件，也是中国菜肴的神韵所在。它不仅可以缩短原料加热的时间，使菜品更易于食用和消化吸收，还能为菜肴的造型打下良好的基础，同时也给食客以美好的享受。

刀工操作是烹调工艺中非常重要的技术，有许多基本操作标准，以保证加工后的原料适用、美观，为下一步的烹调做好准备。首先，要保证切好的原料大小相同、长短一样、厚薄均匀，这样才能使菜肴入味均衡、形状美观。其次，要视料用刀，轻重适宜，干净利落。原料性质不同、纹路不同、老嫩有别，故改刀必须视料而定，如鸡肉应顺纹切，牛肉则需横纹切等。用刀时，要该断则断，该连则连。丁、片、块、条、

◇松鼠鳜鱼

丝等必须一刀两断，不能互相粘连或肉断筋连；使用花刀技法的，如油泡鱿鱼、生炒鸡球等，则要轻力均匀用刀，掌握分寸，不能截然分开，以使菜肴整齐美观。再次，刀工处理必须服从菜肴烹制所采用的烹调方法、使用的火候及调味的需要。如炒、爆等使用猛火，时间短，入味快，故原料要切得小、薄。炖、焖等技法使用火力较慢，时间较长，原料可切得略大、厚些。最后，刀工处理原料，要精打细算，做到大材大用、小材小用、物尽其用。为了达到以上操作标准，中国厨师创制出多种刀工技艺，大致可分为基本刀工、花刀技法、食品雕刻等。

基本刀工可分为直刀法、平刀法、斜刀法三种。直刀法是刀刃与砧板上的原料成直角的一种刀法。根据原料性质和烹调要求的不同，直刀法又分为切、劈、斩三种。平刀法是刀与砧板基本呈平行状态，刀刃由原料一侧进刀、从另侧出来，从右到左，将原料批开的一种刀法，可分为平刀批、推刀批、拉刀批三种。斜刀法是刀面与砧板面成小于九十度角，刀刃与原料成斜角的一种刀法，可分为正斜批和反斜批两种。这几种基本刀法综合运用，可将原料处理成丁、丝、片、块、条、段、茸等规则的几何造型和滚刀块、菱形片、三角形、马耳朵形等变形的几何造型。在制作菜肴时，利用这些经过刀工处理的几何造型的组合与搭配，使成菜造型达到一个比较完美的状态，给人以整齐、和谐的美的享受。

花刀技法是在基本刀法的基础上变化而来的，是在原料上划上各种刀纹，但不切（批）断，目的是为了使原料在烹调时易入味，并展现出各种美的造型。常见的花刀造型有十字花形、蜈蚣形、蓑衣形、凤尾形、麦穗形、佛手形、菊花形等。这些经过花刀处理后的原料在进行烹调时，会受到温度的影响，发生不同程度、不同方向的变化。比如菊花花刀

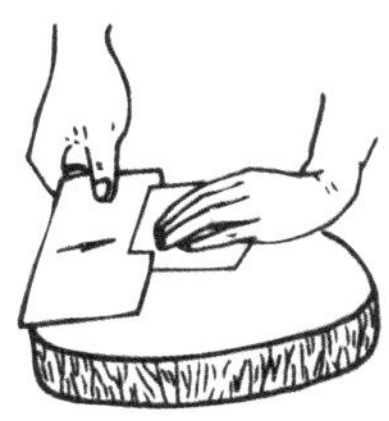

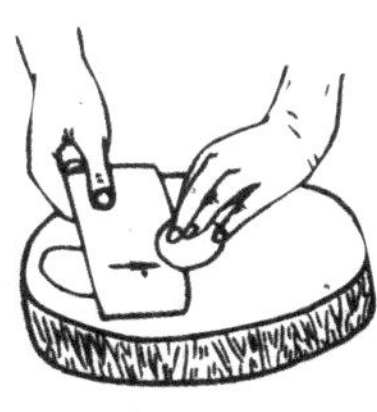

◇直刀法

◇平刀法

◇斜刀法

◇花刀法

就是因为经刀工处理后的原料形似菊花而得名，其制法为：在原料较厚的一面刻十字花刀，深度为原料厚度的五分之四，再切成四到五厘米见方的块，经烹调后基部卷缩，花条向四周伸张形似菊花状。热菜中的菊花青鱼的造型就是出自该种刀法，这也是用烹饪原料表现的一种形态美。

食品雕刻是一项独特的刀工技艺，与其他雕刻艺术形式不同的是，食品雕刻是选用可食用的烹饪原料作为雕刻对象，如土豆、南瓜、萝卜、西瓜、白菜等质地细密、坚实脆嫩、色泽纯正的瓜果蔬菜，或既能食用又能供观赏的熟食食品，如蛋类制品等。食品雕刻是菜点造型、成品装盘、宴会制作时经常运用到的一门应用性造型艺术，也是综合造型的一种形式。它不仅吸收了雕塑、剪纸、木刻、金石等造型工艺的方法，还通过刀工中切、旋、刻、削、挖、截、透雕等手法

◇荷塘群蛙

来使烹饪原料呈现出具有艺术效果的优美造型，具有较高的工艺美术欣赏价值。

刀工技艺是中国传统烹饪技艺中的奇葩，刀工技艺变化巧妙、博大精深，古人甚至已从刀工技法中参透自然之道。如《庄子》曾记载“庖丁解牛”的故事：庖丁到梁惠王府为梁惠王宰杀牛。但见庖丁动作熟练自如，游刃有余，在将刀刺入牛身时，牛的皮肉与筋骨剥离时发出的声音与庖丁运刀时的动作互相配合，就像庖丁配合美妙的古乐在舞蹈。梁惠王问其技何至于此，庖丁解释为经多年练习，逐渐掌握了牛的机理结构，加以纯熟精妙的刀工，自然得心应手。通过庖丁解牛的故事，庄子阐明了依乎天理、道法自然的哲学思想。可见，中国人对刀工技艺的追求不仅体现了单纯划一、对称均匀、调和对比、多样统一的审美，更蕴含了中国人的世界观和人生观。

2. 烹食手法

中餐烹调技艺的精髓是加热，这是由中国人喜欢热食的习惯决定的。古往今来流传的中餐菜谱中，涉及加热技法的汉字大约有一百多个，常用的即有六七十个。各种加热技法历经时间考验，逐渐形成了相对规范的三十余种基本烹食方法，这些烹食方法既可用于主食类美食的制作，也可以用于菜肴类美食的烹饪。烹调手法名目繁多，为便于说明，现将其略加分类并择其要者加以介绍，以见中华美食文化的博大精深。

（1）烤法。烧烤是最原始的烹饪方法，是以热辐射直接或间接将原料加热成菜的一种方法。原始人群往往在居住地的洞穴口点燃篝火以驱吓猛兽。原始人将大块的兽肉挑或支架于篝火上，使食料直接与火接触，谓之烧；近火用热致熟则称为烤；炙，是将略小些的食料置于炽热的石头上致熟。在以水为传热介质的煮法出现之前，人类的熟食方法基本就是烧、烤、炙等几种。煮法产生之后，烧、烤、炙等烹法虽然用得不那么普遍了，但仍是重要的烹食法，如中山靖王刘胜墓中的烤乳猪、唐代岑参诗句中的“浑炙犁牛烹野驼”之“浑炙犁牛”即烤全牛、清宫膳档记录晚清宫廷中添安筵中的烤猪和烤鸭、《衍圣公府档案》记录的清代衍圣公府宴中的烤花揽鳜鱼等，皆用烤法烹制。时下风行全国各地的烤羊肉串，以及其他各类烧、烤、炙类食品，皆可见到烤法的运用。烤、炙等法不止被运用于肴品制作，许多主食也可用此法制作。如西北少数民族的烤胡饼、新疆许多少数民族制作的馕，以及门巴族、珞巴族仍保持的石炙饼等，都是用烤、炙等法制

◇烤乳鸽

作而成。与烤法原理相同的烹饪方法还有焗、烘等。焗是利用灼热的粗盐等将用锡纸包封好的食物在密封的条件下致熟的烹调方法。烘是将原料调好味或加工好后置入烘炉中致熟的烹调方法。这些方法常见于饮食的制作，极大地丰富了中华美食的口味和品种。

◇馄饨

（2）煮法。严格来说，“煮”是烹饪意义上最早的熟物方法。考古学、人类学的研究表明，早在陶器发明之前，煮法已经被运用于食物制作。陶器出现以后，煮更是成为先民基本的烹饪法。鬲是较早出现的用来煮物的陶制烹物工具，它的出现，标志着烹饪史上煮食时代的正式开始。鬲之后，衍化出鼎、釜等各种煮食器，使煮法更加普及并不断发展，衍生出了炖、涮、煨、熬、煲等多种烹饪法。几千年以来，煮法一直是中国人最基本的烹饪手法，广泛用于菜肴和主食的制作，如各类汤羹、菜及主食品中的汤面、饺子、馄饨、粥类等。

煮法是将原料放在大量的汤汁或清水中，先用大火烧开，再用中等火力加热、调味成菜的烹饪方式。煮的用途非常广泛，它是制汤的基本方法，凉菜中的酱、卤等方法也会用到煮的方法。煮可分为油水煮、白煮等。油水煮是指将原料经多种方式的初步熟处理，包括炒、煎、炸、滑油、焯烫等预制成为半成品，然后放入锅内，加适量汤汁和调味料，用旺火烧开后，改用中火加热成菜的技法。水煮牛肉是油水煮的代表菜品。白煮是将加工整理的生料放入清水中，烧开后改用中

◇水煮牛肉

小火长时间加热致熟，冷却切配装盘，配调味料（拌食或蘸食）成菜的冷菜技法，代表菜有白煮肉等。

炖法是将原料放入有盖的容器中，加入清水或汤水，旺火烧沸后用中、小火长时间烧煮成菜的烹调方法。炖法所需加热的时间较长，成菜酥烂鲜香。在东北地区，炖法被广泛使用，苏菜系中的炖菜也是用此法烹制。

涮法是把原料放在滚水里烫一下就取出食用的烹饪方法，

◇京味涮肉

它起源于人类围火共食于一器的新石器时代。涮食之法颇多技艺讲究：比如要选取绝鲜之肉料，将其加工为匀薄如纸（厚则难熟，过薄则本味、口感皆失），要值沸气上扬时将食材放入锅中，斟酌火候，适时取出，才能保证口感软嫩鲜香。

除以上几种，还有许多常见烹饪方法也是由煮法衍生而来。如滚，是利用大量沸水的涌动将食物腻味带出的烹调方法；汆，是将加工成丸状或片状的食物在沸水中致熟后，捞起放入碗中，再添入沸汤的烹调方法；焖，是将质韧的食物放入锅中，加入适量的汤水，盖上锅盖并利用文火致熟的烹调方法；烩，是用适量的汤水将多种肉料和蔬菜一同炆煮的烹调方法；砂锅，是将原料加工后，装入砂锅中，调入作料、配料，用文火慢慢煨炖至熟烂的烹调方法。这些方法皆以水为主要介质熟食，是传统烹饪技法的重要组成部分。

（3）蒸法。蒸法是将加工好的原料放入蒸笼中，用大小不同的火力产生强弱不同的蒸汽使原料成熟的烹饪方法。它是在煮法之后出现，并在煮的基础上发展起来的烹食法。新石器时代的陶甑、陶甗是最早的蒸具。蒸法不仅用于制作粒食的各种饭，还用于制作蒸饼、馒头、包子等粉食，并广泛运用于菜肴的制作。蒸法使原料内外的汁液不像其他加热方式那样大量蒸发，鲜味物质大多保留在菜肴中且营养成分不被破坏，香气也较少流失，充分保存了菜肴的形状、味道的完整性。蒸法的基本操作方法大致是：将原料经加工后置于容器内，待水沸后上笼蒸熟，火候视原料的性质而定，以保持食物的形状和色泽美观。蒸菜对原料形态和质地的要求十

◇荷香糯米蒸丸子

分苛刻，原料必须新鲜，气味纯正。常用的蒸法有清蒸、粉蒸、包蒸、糟蒸、扣蒸、花色蒸等。

清蒸又称清炖，与隔水炖法相似，指将原料加入调料、少许原汤或清水上笼蒸制的烹饪方法，代表菜如清蒸武昌鱼等。

粉蒸是指将炮制的原料上浆后，粘上一层熟米粉蒸制成菜的方法，粉蒸的菜肴具有糯软香浓、味醇适口的特点，代表菜有荷叶粉蒸肉等。

◇粉蒸肉

包蒸是将用不同的调料腌制入味的原料用植物叶子包裹后，放入器皿中，用蒸汽加热至熟的方法，此法既可保持原料的原汁原味不受损失，又可增加包裹材料的风味。代表菜有荷叶鸭子等。

糟蒸是在蒸菜的调料中加糟卤或糟油使成品菜有特殊的糟香味的蒸法。糟蒸菜肴的加热时间都不长，以避免糟卤产生酸味，代表菜如糟蒸鸭肝等。

扣蒸是将原料经过改刀处理，按一定顺序排放在合适的

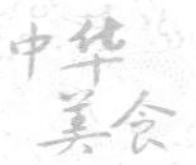

容器内蒸熟的方法。蒸熟的菜肴翻扣装盘，具有形体饱满、神形生动的特点，代表菜有天麻鱼头等。

花色蒸又称为酿蒸，是将加工成型的原料装入容器内，入屉上笼用中小火加热成熟后浇淋芡汁成菜的技法。这种技法利用中小火势和柔缓蒸汽加热以使菜肴不走样、不变形，是蒸法中最精细的一种。代表菜为荷花莲蓬。

（4）炒法。炒法是中国传统烹饪中最主要的技法，也是目前使用最广泛的一种烹调方法，同时也是中国菜肴名目变

◇西芹百合

化莫测、味道繁复难言的重要原因之一。它是以油为主要导体，将小型原料用火在较短时间内加热成熟、调味成菜的一种烹调方法，广泛应用于动物性原料和植物性原料的烹制。这种烹调法可使肉汁多味美，可使蔬菜鲜嫩脆香。炒法的基本操

作方法是：将锅烧热，注入油烧热后依次放入原料，适时兑入汁和调料，待汁收好后出锅装盘。炒法的技术要领是多油、旺火、勤翻、快熟。炒法精细发展，产生了生炒、熟炒、煸炒、软炒等多种不同的烹饪技法。

生炒又称火边炒，是先将主料放入沸油锅中，炒至五六成熟，再加入配料，然后加入调味品，迅速翻炒至断生即可的烹调方法。生炒的基本特点是主料不论是植物性的还是动物性的，必须是生的，而且不挂糊上浆。这种炒法烹制的菜肴汤汁较少，口感清爽脆嫩。如果原料的块形较大，可在烹制时兑入少量汤汁，翻炒几下，使原料热透，即行出锅。放汤汁时，需在原料本身的水分炒干后再放，才能入味。典型菜品有生炒土豆丝、生炒田鸡等。

◇青椒辣子鸡

熟炒是先用煮、烧、蒸等方法将原料加工成半熟或全熟，然后再将原料放入沸油锅内略炒，再依次加入辅料、调味品和少许汤汁，一起翻炒至熟出锅装盘。熟炒菜品的特点是略带汤汁、酥脆入味。

煸炒是将不挂糊的小型原料，经调味品拌腌后，放入八成热的油锅中迅速翻炒，炒到外面焦黄时，再加配料及调味品（大多包括带有辣味的豆瓣酱、花椒粉、胡椒粉等）同炒几下，待全部汤汁被主料吸收后即可出锅的烹食方法。煸炒菜肴的一般特点是干香、酥脆、略带麻辣。煸炒和生炒的相似点是原料都是生的，不上浆，但煸炒的时间要长些。典型的菜品有干煸豆角等。

软炒又称滑炒，是先将主料出骨，经调味品拌匀，再用蛋清团粉上浆，放入五六成热的温油锅中，边炒边使油温增加，炒到油约九成热时出锅，再炒配料，待配料快熟时，投入主料同炒几下，加些汤汁，勾薄芡起锅。软炒菜肴非常嫩滑，但应注意在主料下锅后，必须使主料散开，以防止主料挂糊粘连成块。典型的菜品有软炒里脊等。

（5）其他烹饪技法。除了以上几种常见的烹食方法，各地还有一些颇有特色的烹食技法。如风、烟、熏、醉、冻、拔丝、挂霜，等等。风是将腌制好的食物吊挂在通风的地方，让其自然阴干或风干的加工方法。烟是将茶味或香料药材在密封情况下点燃，赋入食物其烟香味的烹调方法。熏有“干熏”与“湿熏”之分，“干熏”类似“烟”，“湿熏”是食物用鲜花或绍酒等赋入香味的烹调方法。醉是利用大量的烧酒入味或致熟的烹调方法。冻又称“水晶”，是指将煮烂的食物加入琼脂或猪皮等再煮成羹，待其冰冻凝结后食用的烹调方法。拔丝是食物上浆油炸后，放入煮溶的糖浆中拌匀，使食物夹起时能拉出细丝的烹调方法。挂霜是食物经油炸后，放入煮溶的糖浆中拌匀打散或直接洒入糖粉的烹调方法。

从以上可以看出，中国的烹食方法丰富多彩。随着科技的进步，现代烹食方法更是在继承传统的基础上不断创新，烹饪工具和烹饪方法更加多样化，极大地丰富了中华美食文化的内容。

3. 调味技艺

◇拔丝苹果

“烹”是运用各种方法将原料做熟的技巧，“调”是使用各种调味原料和调味品进行适当的调配，使之相互作用、增进滋味、形成风味的技法。味是构成中国烹饪味觉审美的重要条件之一，最迟在夏末商初，伊尹已经提出了系统的调味理论，奠定了中华美食文化注重调味的传统。此后的历史长河中，调味理论不断充实完善，成为中国美食文化甚至是中国传统文化的组成部分。

远古时期，先民学会用火之后便可制作熟食“以化腥臊”，这便是调味的滥觞。到商周时期，火候、调味、原料等已经被纳入阴阳五行的哲学系统，并将酸甜苦辣咸五味归属于五行，再根据五行相生相克的规律来指导调味。战国末期《吕氏春秋·本味篇》就对味的根本、食物原料的自然之味、调味品的作用、水火对味的影响等方面作了精辟的阐述，充分体现了当时人们对调味的认识水平。唐代“唯在火候，善均五味”的说法表明人们对调味的认识已经进入烹、调并重的阶段。明清美食家辈出，对调味的认识进一步发展，将调味与平衡阴阳、养生健体结合起来，并产生了许多和而不同的调味理论，如本味论、适口论、时序论、调和论等。

本味论推崇食物原料的自然之味。这种自然之味具有淡、甘的特征，为了突出食物的本味，很多美食家甚至否定一切调味品的作用。适口论是突出烹饪的结果和进食者主观感受的调味理论，适口论所坚持的理念是“物无定味，适口者珍”。时序论是讲求饮食调味要合乎时序、注意时令的理论，这一理论把人的饮食调味和天地自然结合起来，对传统的养生理论有重要影响。调和论是追求五味调和的理论。调和论基本上可称之为中国美食文化求味思想的核心，是中国烹调艺术的根本要求和美食审鉴的最高原则。

在以上调味理论的指导之下，中国的调味方法得以百花齐放，充分发展。针对不同的菜肴、不同的原料、不同的季节和不同的人群，厨师们将调味品、调味手段、调味时机巧妙结合有机运用，烹制出各种美味佳肴。依照不同的分类方法，调味方法大致可分为一次性调味和多次性调味；原料加热前、原料加热中、原料加热后调味等。下面仅按调味时机来介绍三种常用调味方法。

一是原料加热前调味，也称基本调味，是指原料在加热前用盐、酱油、料酒或糖等调料调拌或浸渍，利用调味品的渗透作用使原料内外有一种基本味道。这种调味适用于炸、蒸、

◇多种调味品

煎、烤等加热时难于调味的烹调方法，也适用于形态较大的动物性原料。二是原料加热中调味，也称正式调味。正式调味是指原料在加热过程中，选择适当的调味品，按照一定的顺序加入锅中为原料调味。这种调味适用于炒、爆、熘、烧、扒、焖、炖、卤、汆、烩等多种烹调方法，也适合于大型或小型的动植物原料。正式调味往往是基本调味的继续，除个别烹调方法外，这阶段菜肴的口味要确定下来，这是调味时机中至关重要的阶段，也是决定性的调味。三是原料加热后调味，又称辅助调味。辅助调味是指原料加热结束后，根据前期调味的需要进行的补充调味。这种调味适合于蒸、炸、烤等正式加热时无法调味的菜肴，如炸牛排、烤鸭等，菜肴上桌时一般要带作料佐食，如番茄酱、椒盐、甜面酱等。辅助调味不仅补充了菜肴的味道，而且还能使菜肴口味富于变化，形成各具特色的风味。另外，有些菜肴在加热前和加热中都无法进行调味，而只能靠加热后来调味，如涮菜和某些凉菜，这时辅助调味就上升为主导地位。由于这三个烹饪阶段是紧密相连的一个过程，因此，调味的三种时机也是互相联系、互相影响、互为基础的，精妙的口味之变正蕴含在烹饪全过程之中。

4. 火候控制

火候是指在烹饪过程中，根据菜肴原料的老嫩硬软、厚薄大小和菜肴的制作要求，所采用的火力大小与时间长短。火候是烹调技术的关键环节。火候控制不仅是为了使原料变熟，还有一个很重要的目的就是为了体现和提取原料中的美味。火候的变化直接影响菜肴的口感。由于火候的千变万化，火候控制成为中国烹饪的一个重要课题。

掌握火候就是准确地把握烹制菜肴时所采用的火力大小

◇荷塘小炒

与时间长短。一般说来，火力可分为四种，即旺火、中火、小火、微火。四种火力的特点如下：旺火，又称武火、大火或急火。一般用于快速烹制菜肴，如爆、汆、涮等，可使原料呈现香脆松嫩的特点。中火又称为文武火或慢火，火力介于旺火及小火之间，一般用于烹煮酱汁较多的食物，如炖、煎、贴、塌等，可使原料软嫩入味。小火又称为文火或温火，一般适合于慢熟或不易烂的菜，适合干炒、烧、煮等烹饪。微火又称为烟火，一般适合于需长时间炖煮的菜，使食物有入口即化的口感，并能保留材料原有的香味，适合的烹调方法有炖、焖、煨等。

除了根据火力来斟酌火候，在掌握火候时还需要依据以下三条基本原则：一是根据原料的性质特点、大小等掌握火候。菜肴的原料复杂多样，不同原料甚至同一原料均有硬与软、老与嫩的差别，其成熟所需的热量也千差万别，因此，必须了解和掌握各种原料的性质特点，才能准确掌握火候。此外，还要根据原料的大小厚薄和形状来掌握火候，避免烧焦或夹生。二是参照各种烹调方法掌握火候。爆、焯必须用旺火。一般爆、焯的原料都比较小、薄，加热时间短，旺火烹制使菜肴香脆松软。炸、焖大都先用旺火，后转中火或小火。但由于原料的不同，火力也常有变化。煽、煎、焖、炖、卤等多用中火，或先中火后转小火。有时开头用旺火，但往往时间很短，有的是用旺火把汤汁烧滚以后即转入小火再回旺。三是根据菜肴的色、味、形等来掌握火候。就“色”而言，绿色的菜肴要保持绿色，不能过火。油炸菜肴一般要求金黄，如着火太猛或控制不好时间，菜肴变成褐色，菜品就会逊色不少；就“味”而言，不够火不出味，过火则走味；就“形”而言，有些原料经花刀处理，通过加热形成球形、花形、扇

◇油炸菜肴

形等，若火候掌握不当，就会变形，若想得到美观、匀称、协调的造型，必须注意准确掌握火候。

以上掌握火候的原则只是一种参考，因为火候主要还是通过原料感官性状的改变而表现出来的，菜肴的色泽、香气、味道、形状、质地的和谐变化才是判断火候的核心依据。美食制作者只有全面把握整个烹饪过程，通过主观判断来掌握火力和用火时间，才能完美地展现菜肴的口感，制作出色香味形俱全的美食。

五 地方菜系

中国地域辽阔，民族众多，由于地理环境、气候物产、文化信仰以及烹饪手法的不同，全国各地的美食文化也表现出明显的差异。各地民众都普遍使用当地原料烹制符合当地口味的食品，如山东菜咸鲜，广东菜清爽，四川菜麻辣等。受乡土原料、烹调风格等影响，全国产生了不同的地方菜系，皆个性鲜明、各具特色，使得中华美食文化百花齐放、精彩纷呈。

1. 八大菜系

中国美食因煎、炒、烹、炸、煮、蒸、烧等多样的烹饪方法，酸、甜、咸、辣等不同口味，形成了配料、刀法、火候、造型等方面各具特色的鲁、川、粤、闽、苏、湘、徽、浙等八大菜系而享誉世界。

（1）鲁菜。八大菜系之首当推鲁菜。鲁菜的历史十分悠久，泰安的大汶口文化和章丘的龙山文化遗址出土的陶制烹饪器具，都是新石器时代齐鲁地区饮食文明的最好见证。春秋时期的易牙更被后人尊为厨圣。南北朝时期山东高阳太守贾思勰所著《齐民要术》更有对烹饪的理论总结。宋代以后，鲁菜成为“北食”的代表。明清时期，鲁菜在京津一带大行其道，成为华北、东北乃至西北部分地区菜系的基础和主要风味，并进入皇宫成为御膳的主打菜肴，被列为八大菜系之首。

◇糖醋鲤鱼

鲁菜由济南菜、胶东菜、曲阜菜三大地方风味合流而成。济南菜以济南为中心，流行于泰安、德州一带，讲究清香、鲜嫩、味纯，素有“一菜一味，百菜不重”之称，代表菜有糖醋鲤鱼、九转大肠等。胶东菜以烟台福山为中心，流行于烟台、青岛等地，以烹制海鲜见长，口味清淡，以鲜为主，有肉末海参、香酥鸡等佳肴。曲阜菜源于曲阜济宁地区，其核心是孔府家菜，孔府菜是一种官府菜，用料讲究，刀功精，口味清淡鲜嫩、软烂香醇、原汁原味，是鲁菜中的佼佼者，代表菜有翡翠虾环、燕窝四大件、一品豆腐等。

鲁菜特色明显，公认有五大特点。一是以咸鲜为主，突出本味，擅长使用葱姜蒜。鲁菜所取原料质地优良，以盐提鲜，以汤壮鲜，调味要求咸鲜纯正。大葱为山东特产，多数菜肴都要用葱姜蒜来增香提味，炒、熘、爆、扒、烧等方法都要用葱，尤其是葱烧类的菜肴，更是以拥有浓郁的葱香为佳，如葱烧海参、葱烧蹄筋；而喂馅、爆锅、凉拌都少不了葱姜蒜。二是以“爆”见长，注重火功。鲁菜常用的烹调方法为爆、扒、拔丝，尤其是爆、扒素为世人所称道。爆，分为油爆、盐爆、酱爆、芫爆、葱爆、汤爆、水爆、宫保、爆炒等，充

◇葱烧海参

分体现了鲁菜在用火上的功夫。因此有“食在中国，火在山东”之说。三是精于制汤，注重用汤。鲁菜以汤为百鲜之源，讲究“清汤”、“奶汤”的调制，清浊分明，取其清鲜。清汤的制法，早在《齐民要术》中已有记载。用“清汤”和“奶汤”制作的菜品繁多，名菜就有清汤柳叶燕窝、清汤全家福、奶汤蒲菜、奶汤八宝布袋鸡等数十种之多，其中多被列为高档宴席的珍馔美味。四是烹制海鲜有独到之处，对海珍品和小海味的烹制堪称一绝。山东的海产品，不论参、贝，还是虾、蟹，经当地厨师的妙手烹制，都可成为精鲜味美之佳肴。五是丰满实惠、风格大气。山东民风朴实，待客豪爽，在饮食上大盘大碗丰盛实惠，注重质量，受孔子礼食思想的影响，讲究排场和饮食礼节。正规宴席有所谓的十全十美席、大件席、鱼翅席、翅鲍席、海参席、燕翅席等，都能体现出鲁菜典雅大气的一面。

（2）川菜。川菜历史悠久，素来享有“一菜一格，百菜

◇麻婆豆腐

◇苦瓜酿肉

百味”的声誉。川菜发源于古代的巴国和蜀国。据《华阳国志》记载，巴国“土植五谷，牲具六畜”，并出产岩盐；蜀国则“山林泽鱼，园囿瓜果，四代节熟，靡不有焉”，可见当时巴国和蜀国已有卤水、岩盐、川椒等调味品。自秦朝至三国时期，成都逐渐成为巴蜀地区的政治、经济、文化中心，使川菜得到较大发展。唐宋时期，川菜更为脍炙人口。明清时期，入川官吏增多，大批北方厨师前往成都落户，经营饮食业，川菜得到了进一步发展，逐渐成为中国的主要地方菜系。

川菜以成都、重庆两地风味为代表，具有用料广博、调味多样、菜式繁多、适应面广的特征。川菜在烹调方法上，主要使用炒、煎、干烧、炸、熏、泡、炖、焖、烩、贴、爆等方法，特别讲究色、香、味、形，兼有南北之长，以味多、广、厚著称，历来有七味（甜、酸、麻、辣、苦、香、咸）、八滋（干烧、酸、辣、鱼香、干煸、怪味、椒麻、红油）之说，尤以“酸、辣、麻”为最独特之处。主要名菜有宫保鸡丁、麻婆豆腐、灯影牛肉、樟茶鸭、毛肚火锅、鱼香肉丝等三百多种。

（3）粤菜。粤菜即广东菜，与鲁菜、川菜等比较，它起步较晚，萌生于秦，成形于汉，西汉时期就有粤菜的记载，三国以来中国经济重心南移，粤菜开始接受中原饮食文化的影响，明清粤菜获得极大发展，清末有“食在广州”之说。

粤菜由广州菜、潮州菜、东江菜三种地方风味组成。广州菜覆盖地域最广，主要包括珠江三角洲和肇庆、韶关、湛江等地的美食。它用料庞杂，选料精细，技艺精良，主要以海味、河鲜和畜禽为原料，以烹制海鲜见长，也擅烹以蔬果

◇清蒸大龙虾

为原料的素菜，夏秋力求清淡，冬春偏重浓郁。广州菜在粤菜中占有重要的位置，较为常见的有白切鸡、白灼海虾、明炉乳猪、挂炉烧鸭、蛇羹、油泡虾仁、红烧大裙翅、清蒸海鲜、虾籽扒婆参等。潮州菜，简称潮菜，源于潮州，已有数千年的历史，其烹饪具有岭南文化特色，最大特点是借重海鲜，注重生猛清鲜。风味名菜有烧雁鹅、护国菜、清汤蟹丸、油泡螺球、绉纱甜肉、太极芋泥等。东江菜又称客家菜，用料以肉类为主，原汁原味，讲求酥、软、香、浓，尤以砂锅菜见长。传统的东江菜偏重于“肥、咸、熟、香”，下油重，口味偏咸，用的酱料较为简单，一般用生葱、熟蒜、香菜调味，极少添加甚至不加过重过浓的作料。

粤菜三大流派各具特色，但也有共同特点，首先是菜品选料广博奇杂，鸟兽蛇鼠皆为食材，花色繁多，形态新颖，善于变化。其次是注重季节搭配，当地天气炎热，人们多爱喝汤滋补，汤和菜的口味都讲究新嫩爽滑，一般夏秋力求清淡，冬春偏重浓醇。三是调味品别具一格，多是当地特有，如蚝油、果汁、白卤水、沙茶酱、鱼露、珠油等。

（4）闽菜。闽菜即福建菜，起源于福建福州，南宋以后逐渐发展起来，清中叶后闽菜逐渐为世人所知。闽菜以福州、泉州、厦门等地的菜肴为基础，在开发利用本地饮食资源的同时，注重吸取外来的饮食文化，形成善烹山珍海味、制汤考究等特点，在中国烹饪文化宝库中占有重要一席。

闽菜由福州、闽南和闽西三路不同风味的地方菜组合而成。福州菜是闽菜的主流，除盛行于福州外，也在闽东、闽中、闽北一带广泛流传。其菜肴特点是清爽、鲜嫩、淡雅，偏于酸甜，汤菜居多。佛跳墙、肉米鱼唇、鸡丝燕窝、鸡汤汆海蚌等菜肴，均是福州菜的代表。闽南菜指厦门、泉州、漳州等地的地方

◇佛跳墙

菜，其菜肴特点是鲜醇、香嫩、清淡，并且以讲究作料、擅用香辣而著称，在使用沙茶、芥末、橘汁以及中草药等方面均有独到之处，如清蒸加力鱼、炒沙茶牛肉、葱烧蹄筋、当归牛腩等菜肴，都较为突出地反映了闽南浓郁的食趣。闽西菜则盛行于闽西客家地区，极富乡土气息，其菜肴特点是鲜润、浓香、醇厚，以烹制山珍野味见长，略偏咸、油，擅用生姜，在使用香辣作料方面更为突出，爆炒地猴、烧鱼白、炒鲜花菇、金丝豆腐干、涮九品等，均鲜明地体现了山乡的传统食俗和浓郁的地方色彩。

尽管各路菜肴各有特色，但闽菜仍形成了完整而统一的体系，其特点主要表现在四个方面。一是烹饪原料以海鲜和山珍为主。二是刀工巧妙，一切服从于味。闽菜注重刀工，有“片薄如纸，切丝如发，剞花如荔”之美称，而且一切刀工均围绕着“味”下工夫，通过刀工的技法，更体现出原料的本味和质地。三是汤菜考究，变化无穷。闽菜中的汤菜将质鲜、味纯、滋补联系在一起，汤品多而考究，有的甜润爽口，有的色鲜味美，各具特色，回味无穷。四是烹调细腻，特别注意调味。闽菜的烹调细腻表现在选料精细、泡发恰当、调味精确、制汤考究、火候适当等方面。特别注意在调味时力求保持菜肴的原汁原味。擅用糖，以甜去腥膻；巧用醋，因酸能爽口。有甜而不腻、酸而不淡的盛名。

（5）苏菜。苏菜即江苏地方风味菜。它起始于新石器时代，春秋战国时期获得较大发展，南北朝、唐宋时，苏菜已经成为“南食”的两大台柱之一。明清时期，苏菜南北沿运河、东西沿长江的发展更为迅速，地理优势扩大了苏菜在海内外的影响，最终形成了完整的风味体系。

苏菜主要由淮扬、金陵、苏锡、徐海四个地方菜系构成，其影响遍及长江中下游广大地区。淮扬风味以扬州、两淮（淮安、淮阴）为中心，这一地区水网交织，江河湖所出甚丰，美食以清淡见长，味和南北。其中，扬州菜制作精细，尤其体现在刀工上，有“刀在扬州”之誉。金陵风味又称京苏菜，

◇扬州大煮干丝

是指以南京为中心的地方风味。苏锡风味以苏州、无锡菜为代表，重甜出头，咸收口，浓油赤酱。近代逐渐趋向清新爽适，浓淡相宜。碧螺虾、常熟叫化鸡等都是脍炙人口的美味佳肴。徐海风味以徐州、连云港一带的地方风味为代表，以鲜咸为主，五味兼蓄，风格淳朴，注重实惠。

苏菜各地风味虽略有不同，但特色明显。一是用料广泛，以江河湖海水鲜为主。二是刀工精细，烹调方法多样，擅长炖焖煨焐，重视调汤，保持原汁，风味清鲜，浓而不腻，淡而不薄，酥松脱骨而不失其形，滑嫩爽脆而不失其味。三是追求本味，清鲜平和。四是菜品风格雅丽，形质均美。江苏菜式的组合亦颇有特色。除日常饮食和各类宴席讲究菜式搭配外，还有“三筵”具有独到之处。其一为船宴，见于太湖、瘦西湖、秦淮河；其二为斋席，见于镇江金山、焦山斋堂、苏州灵岩斋堂、扬州大明寺斋堂等；其三为全席，如全鱼席、全鸭席、鳝鱼席、全蟹席等。

（6）湘菜。湘菜即湖南菜。湘菜历史悠久，屈原的《楚辞》就早已记载了当地丰富味美的菜肴、酒水和小吃，汉代以来逐步形成了一个从用料、烹调方法到风味风格都比较完整的体系，其使用原料之丰盛、烹调方法之多彩、风味之鲜美，都是比较突出的。

湘菜是由湘江流域、洞庭湖地区和湘西山区三种地方风味发展而成。湘江流域的菜以长沙、衡阳、湘潭为中心，是湖南菜的主要代表。制作精细，用料广泛，品种繁多，特色是油多、色浓，在品味上注重酸辣、香鲜、软嫩。在制法上以煨、炖、腊、蒸、炒诸法见称。代表菜有海参盆蒸、腊味合蒸、麻辣仔鸡、剁椒鱼头等。洞庭湖地区以常德、益阳、岳阳等地为中心，这一地区素称“鱼米之乡”，以烹制家（水）禽、

◇剁椒鱼头

野味、河（湖）鲜最有特色，有“无鱼不成席”之说。多用炖、烧、蒸、腊的制法，菜肴特点是芡浓油厚，咸辣香软。代表菜有洞庭金龟、冰糖湘莲等。湘西山区菜则由湘西、湘北的民族风味菜组成，以烹制山珍野味、烟熏腊肉和各种腌肉见长，口味侧重咸香酸辣，常以柴炭为燃料，主要的烹调方式为蒸、炖、煨、煮、炒、炸等，佐以山区民间传统特酿的米酒，有浓厚的山乡风味。代表菜有红烧寒菌、湘西酸肉等。

湖南菜系的共同特点是刀工精细，调味多变，以酸辣著称，讲究原汁，技法多样，尤重煨烤，尤其以酸辣作料和腊肉制作，独具特色。

（7）徽菜。徽菜源自古徽州（今安徽歙县一带）山区的地方风味，由于徽商的崛起，这种地方风味逐渐进入市肆，

◇鱼咬羊

流传于苏、浙、赣、闽、沪、鄂等地区，在全国具有广泛的影响。徽菜的形成与发展有两个重要因素。一是安徽的地理环境、经济物产是徽菜形成的基础。安徽物产丰盈，山区盛产茶叶、竹笋、香菇、木耳、板栗、山药和石鸡、石鱼、石耳、甲鱼、鹰龟、果子狸等山珍野味；水区盛产鱼、虾、蟹、鳖、菱、藕等水产，其中长江鲥鱼、淮河肥王鱼、巢湖银鱼、大闸蟹等都是久负盛名的席上珍品；平原地区盛产粮食、油料、蔬果、禽畜，是著名的鱼米之乡。二是徽商的广泛传播使得徽菜在全国范围内产生一定的影响。徽菜的发展与徽商的崛起有着密切的关系。徽商足迹遍及全国，尤其是长江中下游各省集镇都有徽商的身影，乃至有"无徽不成镇"之说。明清两代，徽商在汉口、扬州、上海等地盛极一时，沪上徽菜馆一度达到500余家，汉口徽菜馆达40多家，而扬州十里长街之上徽菜馆更是比邻而立。经徽商的广泛传播及融合各地风味，徽

◇奶汁肥王鱼

菜从徽州地区的山乡风味逐步成为一个雅俗共赏、南北咸宜、独具一格、自成一体的著名菜系。

徽菜由皖南菜、沿江菜、沿淮菜三种地方风味构成。皖南菜源于歙县，后转入皖南政治经济中心屯溪，以徽州地区的菜肴为代表，是徽菜的主流与渊源。其特点是善于烧、炖，重火工，重原汁原味，口感以咸鲜为主，爱用火腿佐味，以冰糖提鲜，放糖而不觉其甜，善于保持原料的本味、真味。不少菜肴常用木炭风炉单炖、单熬，原锅上桌，体现了徽味古朴典雅的风貌，而且香气四溢，诱人食欲。代表菜有清炖马蹄鳖、黄山炖鸽、腌鲜鳜鱼、徽州毛豆腐、徽州桃脂烧肉等。沿江菜流行于安庆、芜湖、巢湖、合肥，以烹制河鲜水产、家禽家畜见长，讲究刀功，擅长烧、炖、蒸和烟熏技艺，讲究肴馔的酥嫩、鲜醇、清淡、滑溜，善于以糖调味。代表菜有生熏仔鸡、八大锤、毛峰熏鲥鱼、火烘鱼、蟹黄虾盅等。沿淮菜以淮河流域的蚌埠、阜阳、亳州、宿州的地方菜为代表，原料朴素，讲究色香味俱全，擅长烧、炸、熘等烹调技法，喜用辣椒、香菜调味配色，口味咸中带辣，极少以糖调味，其风味特色是：质朴、酥脆、咸鲜、爽口。代表菜有奶汁肥王鱼、香炸琵琶虾、鱼咬羊、老蚌怀珠、朱洪武豆腐、焦炸羊肉等。

徽菜三种风味虽然在发轫时各具特色，但历经融合发展，共同形成了三大特色。一是选料广博。徽州多山，加之江淮穿境而过，水产亦丰，因此，徽菜选料颇为丰富。二是烹饪技法独特多变。徽菜之重火工是历来的优良传统，不同菜肴使用不同的控火技术是徽帮厨师的重要标志，也是徽菜能形成酥、嫩、香、鲜独特风格的基本手段。其独到之处集中体现在擅长烧、炖、熏、蒸类的功夫菜上，符离集烧鸡先炸后烧，文武火交替使用，最终达到骨酥肉脱原形不变的程度；徽式烧鱼几分钟即能成菜，保持肉嫩味美、汁鲜色浓的风格，

◇符离集烧鸡

是巧用武火的典范；黄山炖鸡、问政山笋经过风炉炭火炖熬，成为清新适口、酥嫩鲜醇的美味，是文火细炖的结晶；而毛峰熏鲥鱼、无为熏鸡又体现了徽式烟熏的传统技艺。三是注重食补。徽菜继承中国医食同源的传统，讲究美食的保健作用。徽菜精于用茶叶、中药入膳，创造出不少美味可口、营养丰富的佳肴。

（8）浙菜。浙菜历史悠久，其萌芽可追溯到新石器时代的河姆渡文化时期，后历经春秋时越国先民的开拓积累，到汉唐时期基本成熟定型，宋元时期逐渐繁荣并在明清时期得到充分发展，逐渐形成以杭州、宁波、绍兴、温州四个流派为主体的浙江菜系。浙江素称江南鱼米之乡，水产品丰富，而且盛产山珍野味，不乏烹饪的上乘原料，加之龙井茶叶、绍兴老酒等可用以调味的各种特产，再与卓越的烹饪技艺相结合，诸多因素使得浙菜在诸多地方菜系中脱颖而出，列于八大菜系之中。

◇杭州楼外楼东坡肉

浙菜四大流派各自具有不同的特点。杭州菜历史悠久，制作精细，变化多样，并喜欢以风景名胜来命名菜肴，烹调方法以爆、炒、烩、炸为主，口味清鲜爽脆，淡雅典丽，是浙菜的主流。西湖醋鱼、东坡肉、龙井虾仁、油焖春笋等，集中反映了杭菜的风味特点。宁波地处沿海，宁波菜的特点是咸鲜合一，以蒸、红烧、炖制海鲜见长，讲求鲜嫩软滑，注重大汤大水，保持原汁原味。绍兴菜擅长烹饪河鲜、家禽，入口香酥绵糯，其烹调常用鲜料配腌腊食品同蒸或炖，且多用绍酒烹制，故香味浓烈，富有江南水乡风味。温州古称"瓯"，地处浙南沿海，当地的语言、风俗和饮食都自成一体、别具一格，素以"东瓯名镇"著称，因此温州菜也称"瓯菜"，瓯菜以海鲜入馔为主，烹调讲究"二轻一重"，即轻油、轻芡、重刀工，菜品口味清鲜，淡而不薄，代表菜有三丝敲鱼、双味蝤蛑等。

以上四大流派各具特色却具有共同的特点：一是选料讲求精细、特产、鲜活、柔嫩。二是烹调技法丰富多彩，讲究因料施技，注重主配料味的配合，口味富有变化。三是注重本味，口味以清鲜脆嫩为主，讲究保持原料的本色和真味。四是制作精细，追求烹饪与美学的有机结合，以刀法纯熟、配菜巧妙、烹调细腻、装盘讲究而著称。

2. 其他菜系

中国烹饪历史悠久，流派纷呈，除了以上公认的八大菜系，还有许多地方菜系因其特色明显、风格独特也得到人们的普遍认可。

（1）京菜。京菜是具有北京风味的鲁菜、市肆菜、谭家菜、民族清真菜和宫廷菜五种风味的菜肴的结合。北京的饮食习惯最早和山东相似，辽代、元代之后，又受边疆民族的影响，增加了烹制羊肉菜肴的特点。明清时代，作为帝都，各地重要的饮食风味都在北京聚齐。相对于中国其他主要菜系的发展来说，其历史并不长，但近千年的人文荟萃，使其在全中国乃至世界各地，均有广泛的影响。京菜的烹制方法非常多元，口味讲究酥脆鲜嫩、清鲜爽口，且要色、香、味、形、器五面俱全。最具特色的是北京烤鸭和涮羊肉，其他代表菜肴有八宝豆腐、罗汉大虾、琥珀莲子等。除去上面提到的较为正式的宴席菜之外，由于北京长期形成的市井文化，融合了各种菜系以及民族风味的北京小吃也很有特色，更具有平民化的风格。随着近年来京味文化的复兴，北京小吃被列为京味文化中重要的组成部分。

◇北京烤鸭

（2）沪菜。沪菜即上海菜，习惯叫“本帮菜”，上海菜系的形成有深厚的历史渊源。自 1843 年上海开埠以来，随着工

◇上海菜糟钵斗

商业的发展，四方商贾云集，饭店酒楼应运而生。到20世纪三四十年代，各种地方菜馆林立，有京、广、苏、扬、锡、杭、闽、川、徽、潮、湘以及上海本地菜等十几个帮别，同时还有素菜、清真菜及各式西菜、西点。这些菜在上海各显神通，激烈竞争，又相互取长补短，融会贯通，这为博采众长、发展有独特风味的上海菜创造了有利条件。上海菜便是各帮菜融合的产物，其特点是汤卤醇厚，浓油赤酱，糖重色丰，咸淡适口。选料注重活、鲜，调味擅长咸、甜、糟、酸。

（3）津菜。津菜特指天津地方风味菜系，早年起源于民间，以鲜咸口味为主，口感软嫩酥烂，从形成至今有三百多年历史。天津菜系的形成和发展与漕运和盐商息息相关，运河船夫的饮食，促进了天津小吃的繁荣，清末光绪年间，天津城的饭馆已“五百有奇”，而津菜形成的标志便是1662年为庆祝康熙登基而开设的聚庆成饭庄。1860 年天津被辟为对外开放商埠，外来资本大量输入，西方饮食随即进入津门，较有代表性的就是起士林餐厅。现今天津饮食主要分为汉民菜、清真菜、天津素菜和地方小吃四大门类。天津菜多以河、海两鲜为原料，擅长勺扒、软溜、清炒、清蒸，并且口味多变，咸鲜清淡，精于调味，清浓兼备，注重配色。历史上有代表性的天津风味菜肴有八大碗、四大扒、冬令四珍。八大碗有粗、细之分。粗八大碗有熘鱼片、烩虾仁等。细八大碗有炒青虾仁、烩鸡丝等。四大扒是成桌酒席的配套饭菜，包括扒整鸡、扒整鸭等。冬令四珍指铁雀、银鱼、紫蟹、韭黄，均为天津特产。

（4）豫菜。豫菜即河南菜，是中国较早形成的一个菜系。早在北宋时期豫菜已经形成具有色、香、味、形、器五美，并包含宫廷菜、官府菜、寺庵菜、市肆菜和民间菜的庞大系统。宋室南迁以后，豫菜影响力略有下降，但仍颇具特色。豫菜从地域上说主要由开封、郑州、洛阳、南阳四大地方风味菜构成。开封菜是豫菜的主流。它选料严谨，注重火候，强调刀功，口味清淡，素油低盐；郑州菜重视色泽，推崇火候，看重营养，味偏咸鲜；洛阳菜以水席为代表，洛阳水席被称为天下第一宴，每席二十四道菜，菜菜带汤，味呈酸辣，清爽利口，其中的牡丹燕菜成为今日国宴之首菜；南阳菜口味趋甜，配色和谐，讲究制汤，擅长制作水鲜山珍时蔬。豫菜在此基础上不断发展，逐渐形成以下特点：一是原料丰富，品种齐全。二是技法多样。豫菜以烧烤、抓炒和扒见长。三是讲究制汤。豫菜在制汤上有头汤、白汤、毛汤、清汤之分，素有“满席山珍味，全在一碗汤”的说法。四是四季分明，在原料的选择上适应时令，在口味的追求上四季不同。五是讲究盛器。河南自古盛产精美的食具，殷商时期的青铜饮食器具、宋代的瓷制餐具皆赏心悦目，颇多传世精品。

（5）鄂菜。鄂菜亦称湖北菜，古称楚菜、荆菜，起源于江汉平原，从《楚辞》中的《招魂》《大招》两篇记载的楚地名食和曾侯乙墓出土的一百多件春秋战国时期饮食器具，可知鄂菜起源于春秋战国时期，经汉魏唐宋渐进发展，成熟于明清时期。传统鄂菜是以江汉平原为中心，由武汉、荆州和黄州三种地方风味菜组成，包括荆南、襄郧、鄂州和汉沔四大流派。荆南风味包括宜昌、荆沙、洪湖等地方菜，由于这一带河流纵横、湖泊交错，水产资源极为丰富，故擅长制作各种水产菜，尤其对各种小水产的烹调更为拿手。讲究鸡、鸭、鱼、肉的合烹，肉糕、鱼圆的制作有其独到之处。襄郧风味盛行于汉水流域，包括襄樊、十堰、随州等地，这一带以肉禽菜为主体，对山珍果蔬制作熟练，部分地区受川、豫影响口味偏辣。鄂州风味分布于鄂东南丘陵地区，包括黄冈、浠水、咸宁等地，主副食结合的菜肴尤有特色，炸、烧很见功

◇鱼糕

底，以加工粮豆蔬果见长。汉沔风味分布于汉口、沔阳、孝感等地，擅长烹制大水产鱼类菜肴，蒸菜、煨汤别具一格，小吃和工艺菜也享有盛名。总体而言，鄂菜制作的特点是工艺精致，汁浓芡亮，口鲜味醇，以质取胜。方法以蒸、煨、炸、烧、炒为主，讲究鲜、嫩、柔、滑、爽，注重本色，经济实惠。鄂菜以“三无不成席”即无汤不成席、无鱼不成席、无丸不成席为特色。据不完全统计，鄂菜现有菜点品种三千多种，其中传统名菜不下五百种，典型名菜不下一百种。

（6）秦菜。秦菜即陕西菜，分为关中、陕北、陕南三种地方风味。关中风味以西安为中心，包括三原、咸阳、铜川、宝鸡在内的关中菜肴。取料以家畜为主，菜点具有料重味浓、香肥酥烂的特点；陕北风味以榆林、延安、绥德为代表，菜肴带有浓郁的草原游牧民族的风格，以鲜香、酥烂为质感，主料大多取自牛羊；陕南风味以汉中、商洛、安康为代表，味多辛辣，“油泼辣子一道菜”之说即是铁证。陕南菜擅长炖、熏、酿，取料多为秦岭巴山间的山珍。这三种风味各具特色，各有所长，共同形成秦菜的以下特点：一是取材广泛，选料严格。二是刀工细腻。三是技法全面。在继承传统烹饪技法的基础上又吸收了外帮菜的扒、涮、煎、爆等技法，尤其是其“勺功”之精妙令人大开眼界。四是面点丰富。秦式面点历史悠久，样式繁多，其小吃面点已经成为秦菜的重要组成部分。

以上菜系的介绍是按省划分的，除了上述菜系，还有冀菜、赣菜、陇菜等，皆各具特色。除此之外，菜系还可按文化流派来划分，分为东北菜、冀鲁菜、中原菜、西北菜、江浙菜、客家菜、广东菜等。从菜系的流派纷呈也可看出中华美食丰富的文化内涵和深厚的历史底蕴。

六 宴席与小吃

中华美食中，既有讲究礼仪的盛大宴席，也有沿街叫卖的民俗小吃，雅俗共赏是中国美食的特色。

1. 宴席文化

宴席是指具有一定规格质量的一整套酒水菜品，是中国饮食文化的重要组成部分，也是烹饪技艺的集中反映和饮馔文明发展的标志。

中国的宴席最早起源于原始聚餐和祭祀等活动。在原始社会，人类采用的是同餐共食制，这种进餐方式既是当时条件下的必然选择，也成为后世宴席的雏形。原始社会的祭祀则是最初的宴席形式。春秋战国时期，宴席的规模已较大，形式较多，并具有较高的水平：宴飨有严格的等级制度及接待规格；讲究宴席的陈设和食序，注意排菜和上菜的程序。

汉代宴席餐饮器具多以漆器为主，贵族宴席已有侍者斟酒布菜，有乐伎表演歌舞。魏晋时代，宴席盛行，如曹操在铜雀台上的宴请、曹植在平乐观的宴会、竹林七贤的林中宴饮，以及文人的“曲水流觞”雅集等。南北朝时期宴席的名目增多，像帝王登基宴、封赏功臣宴、省亲敬祖宴、游猎登高宴、汤饼宴、团圆宴等，都呈现出各自不同的特色。同时，随着佛教的流行，信徒茹斋成风，京畿地区和江南孕育出早期的素宴。唐及五代，出现高足桌和靠背椅，铺桌帷，垫椅单，开始使用细瓷餐具。宴席上不仅热菜丰盛，还有“冷饮”和“凉面”。宋代的宴席在中国宴席发展史上占有极重要的地位，不仅宫廷宴席众多，还出现了“四司六局”，专为盛大宴席服务，极大地促进了宴席的发展。元明清时期，中国宴席日趋成熟，并且逐渐走向

◇《韩熙载夜宴图》（五代）

鼎盛。如元代诈马宴，明代上马宴、下马宴，清代满汉全席等。20世纪以来，传统宴席不断改良，创新宴席大量涌现，西方宴会形式被引入，使得中国宴席文化继续发展，为中华美食文化增色不少。

在漫长的历史长河中，中国出现了难以数计的宴席，种类和名品众多，其中孔府宴、烧尾宴、全鸭宴、满汉全席、文会宴并称的“五大名宴”至今仍被津津乐道。

孔府宴是孔府接待贵宾、袭爵、祭日、生辰、婚丧时特备的高级宴席。该宴选料严格，制作精细，集中国宴席之大成，完全遵循了孔子“食不厌精，脍不厌细”的原则，是鲁菜的重要组成部分。孔府宴礼节周全，程序严谨，历经两千多年长盛不衰。孔府宴大致可分为五类。第一类是寿宴。孔府专门备有册簿，记载孔府衍圣公和家人及至亲等要员的生辰，届时要设宴庆祝，形成了寿宴。寿宴上的名菜佳肴非常精美，餐具讲究，陈设雅致。菜肴名称也各有寓意，如“福寿绵长”“寿惊鸭羡”“长寿鱼”等，“一品寿桃”是孔府寿宴中的第一珍肴。第二类是花宴，是孔府的公子举行婚礼及小姐出嫁时所设的宴席。花宴席间突出“喜”字，席中心有“双喜”形高盘。菜肴名称也贴切雅致，如“桃花虾仁”“鸳鸯鸡”“凤凰鱼翅”“带子上朝”等。第三类是喜庆宴。喜庆宴是指凡孔府内有受封、袭封、得子等喜庆之事，都要办宴祝贺。这种宴席面上往往突出喜庆气氛。其菜名多美好、吉祥之意，如“鸡里炸”“阳关三叠”“四喜丸子”等。第四类是迎宾宴。迎宾宴是恭迎圣驾、款待王公大臣等高级官员所用的宴席。迎宾宴的规格较高，席面上有山珍海味，如“琼浆燕菜”“熊掌扒牛腱”“御笔猴头”等。第五类是家常宴。家常宴是孔府接待亲友所用的宴席，菜品也常常随季节而变换。孔府内除内厨、

◇山东曲阜孔府宴

外厨外，家庭成员有的还有自设的小厨房，烹调各自的饭菜。除了注重菜肴烹饪与搭配，孔府宴在饮食器具上也非常讲究，银、铜、锡、漆、瓷、玛瑙、玻璃等各种餐具齐备，并因菜肴变化而采用不同器具，使其形象完美。在多种盛器中，除鱼、鸭、鹿等专用象形餐具外，还有方形、圆形、元宝形、八卦形、云彩形等器具。

烧尾宴是唐代著名宴会之一，专指士子初次做官或得到升迁而举行的宴会，是唐代士子的身份发生变化后举行的重要仪式。“烧尾”得名有三说：一说新羊入群，群羊欺生，屡犯新羊，而只有将新羊尾巴烧掉，新羊才能融入群羊之中。二说老虎变人尾巴犹存，只有将其尾巴烧掉，老虎才能真正变为人。三说鲤鱼跃龙门，非雷电将其尾烧掉而不能过。三说皆有辞旧高升、尽快融入新环境之意。韦巨源《烧尾宴食单》中留存了唐代烧尾宴上出现过的 58 款珍馐美味。这 58 种菜点有主食，有羹汤，有山珍海味，也有家畜飞禽。除“御黄王母饭”“长生粥”等主食外，共有 20 余种糕饼点心，用料考究、制作精细，令人叹为观止。例如，仅馄饨一项，就有 24 种形式和馅料，其余各色点心不胜枚举。宴席上还有一种“看菜”，即工艺菜，主要用来装饰和观赏，如“素蒸音声部”，用素菜和蒸面做成一群蓬莱仙子般的歌女舞女，共由 70 道菜品组成。食单中的羹汤最能体现调味技术，如“冷蟾儿羹”，即蛤蜊羹，但要冷却后凉食；“清凉碎”，是用狸肉做成汤羹，冷却后切碎凉食，类似肉冻；“汤浴秀丸”，则是用肉末和鸡蛋做成肉丸子，如绣球状，很像“狮子头”，然后加汤煨成。58 种菜点仅是“烧尾宴”的残存食单，由于年代久远，记载简略，很多名目不能详考，但仅从这些已可看到唐代烹饪艺术和宴席文化的高度发达，也对后世宴席文化的发展产生了深远的影响。

全鸭宴首创于北京全聚德烤鸭店，特点是宴席全部由北京填鸭为主料烹制的各类鸭菜肴组成，共有 100 多种冷热鸭菜可供选择。一席之上，除烤鸭之外，还有用鸭的舌、脑、心、肝、胗、胰、肠、脯、翅、掌等为主料烹制的不同菜肴，主要菜式有卤什件、拌鸭掌、酱鸭膀、白糟鸭片、油爆鸭心、炸鸭肝、

◇鸭肴集锦

烩四宝、炒鸭肠等。

满汉全席兴于清代，是集满族与汉族菜点之精华而形成的历史上最著名的中华大宴。满汉全席原是官场中举办宴会时满人和汉人合坐的一种全席，它择取时鲜海味，搜寻山珍异兽，既突出了满族菜点烧、烤、涮的特殊风味，又展示了汉族烹饪扒、炸、炒、熘、烧等特色，既有宫廷菜肴之特色，又有地方风味之精华，菜点精美，礼仪讲究，是中华美食的瑰宝。乾隆年间李斗所著《扬州书舫录》中记有一份满汉全席食单，是关于满汉全席最早且内容最为完整的记载。据该书中的膳单，大致可将满汉全席分为以下六种：第一种是蒙古亲藩宴，此宴是清朝皇帝为招待与皇室联姻的蒙古亲族所

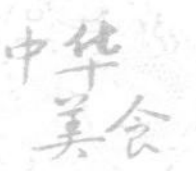

◇满汉全席

设的御宴。一般设宴于正大光明殿，由满族一、二品大臣作陪。第二种是廷臣宴，廷臣宴于每年上元节后一天即正月十六日举行，是由皇帝亲点大学士、九卿中有功勋者参加。宴会设于奉三无私殿，宴时循宗室宴之礼。第三种是万寿宴，是清朝帝王的寿诞宴。后妃王公、文武百官无不以进献寿礼为荣。第四种是千叟宴，始于康熙、盛于乾隆时期，是清宫中规模最大、与宴者最多的盛大御宴。第五种是九白宴。此宴始于康熙年间，康熙初定蒙古，各部落为表忠心，每年遣使以九白（白骆驼一匹、白马八匹）为贡，献贡后，皇帝举御宴招待使臣，谓之九白宴。第六种是节令宴，指清宫内廷按固定的年节时令而设的筵宴。如：元日宴、元会宴、春耕宴、端午宴、乞巧宴、中秋宴、重阳宴、冬至宴、除夕宴等，皆按节次定规，循例而行。满汉全席是具有浓郁民族特色的巨型宴席，堪称中国宫廷饮食文化的杰出代表。

文会宴取名自《论语》“君子以文会友”一句，又称文酒会、文字饮，是中国古代文人进行文学创作和相互交流的重要方式之一。这种宴席形式自由活泼，内容丰富多彩，追求雅致的环境和情趣，是古代文人借宴会吟诗、作文、会友的一种方式。历史上许多著名的文学和艺术作品都是在文会宴上创作出来的。如曹操、曹丕、曹植父子就常和文人聚宴，曹植曾写过《箜篌引》；著名的《兰亭集序》是王羲之在兰亭一次名为“祓禊”的大规模文人集会写下的，与会者曲水流觞，临流赋诗，各抒怀抱；唐代李白、杜甫、白居易等诗人常和文友聚宴，留下许多佳作。文会之风直到清代还在盛行。

在古代，宴席与礼仪联系密切，《礼记》云：“夫礼之初，始于饮食”，可见食礼在中华礼仪系统中的重要性，而宴席礼仪正是食礼中重要的组成部分。座次礼节是宴席礼仪的内容之一。在古代社会，座次是明确尊卑等级的一种重要手段，最能表现宴饮者的高下尊卑，席置、坐法无不受到严格的礼制限定。讲究食相也是宴席礼仪的一部分，古人对食相有严格要求，如毋诧食（毋发出声音）、毋啮骨、共食不饱、毋抟饭（毋与人争饭食）、毋放饭（没吃完的食物不可再放回盘中以飨他人）、毋反鱼肉（不可以把一条鱼翻过来再吃）、饭黍毋以箸（用勺来进食米饭，不许用筷子）、毋刺齿（不可剔牙）等。时至今日，旧时礼仪的等级色彩已消失，繁杂的个人礼仪也有不少被简化。但必要的礼节、礼貌在今天的宴会上仍受到人们重视。

2. 地方小吃

地方小吃是指在口味上具有特定风格和浓厚地方特色的食品的总称，它既可以作为宴席间的点缀，也可以作为早点、夜宵的主要食品。中国地域广阔，民族习俗繁多，各地都有各种各样的风味小吃，特色鲜明，风味独特。风味小吃往往用本地所特有的材料精制而成，通常能够突出反映当地的物质及社会生活风貌，成为反映当地美食文化和地方文化的重要窗口。

北京：北京小吃历史悠久，名目繁多，用料讲究，制作精细，既有源于清朝皇室御膳中的吃食，也有地道的百姓食物，诸如焦圈、豌豆黄、艾窝窝、炒肝、爆肚、烧卖、驴打滚、炸酱面、姜丝排叉儿、蛤蟆吐蜜、糖火烧、糖耳朵、馓子麻花、

◇豌豆黄

面茶、奶油炸糕等，皆颇受欢迎。

天津：天津传统的风味食品多种多样，狗不理包子、十八街麻花、耳朵眼炸糕、猫不闻饺子知名度较高。其中狗不理包子以其味道鲜美而誉满全国，名扬中外。狗不理包子备受欢迎，关键在于其用料精细，制作讲究，在选料、配方、搅拌以至揉面、擀面都有一定的绝招儿，做工上更是有明确的规格标准，深得大众百姓的青睐。

◇天津古文化街十八街麻花

河北：河北风味菜点有三大流派，冀中南、承德、唐山三种流派。风味小吃也各有代表，较为著名的有熏肉大饼、道口烧鸡、东陵糕点、鲜花玫瑰饼、蜂蜜麻糖、驴肉火烧、空心宫面、油面窝窝、清真肉饼等。河北小吃中，以承德小吃最有代表性，据统计，承德有地方风味小吃150多种、地方风味糖果近60种，最畅销的有烧卖、锅贴、切糕、煎糕、凉糕、炸糕、糜子面豆包、芝麻吊炉烧饼、缸炉烧饼、缸炉圈、油酥烧饼、碗坨、片粉、凉粉、荞面饸饹、拨面、抻面等。

山西：山西的面食尤为著名，品种多，吃法别致，风味各异，主要代表种类有：拉面、刀削面、猫耳朵、拨鱼、剔尖等。粗粮细做也是山西一大特色，苦荞面、莜面、豆面等都可制作出各色小吃，如荞面河捞、莜面窝窝等。

内蒙古：奶制品是内蒙古的特产，奶酪、奶皮子、酥油等都是特色小吃。以羊肉为主料制作的小吃也很受欢迎，如手扒肉、稍美等。稍美又称“烧美”，是呼和浩特的一种流传很久、至今不衰的传统风味食品。稍美选料精良，皮薄如蝉翼，

◇内蒙古特色小吃稍美

晶莹透明，羊肉馅肥瘦适中，葱姜等作料齐全，用筷提起垂垂如细囊，置于盘中团团如小饼，吃起来香而不腻，形美而味浓。

辽宁：辽宁是多民族聚居的省份，境内很多地区都有自己的地方风味小吃，极具民族和地方特色，较为著名的有老边饺子、李连贵熏肉大饼、马家烧卖等。

吉林：吉林的风味小吃以白肉血肠、打糕、荷花田鸡油、回宝珍饺子、冷面等为代表。打糕是朝鲜族最著名的传统风味食品，因为它是在槽子里用木槌砸打制成，故得此名。打糕有两种，用糯米制作的称白打糕，用黄米制成的叫黄打糕。把米放在水中浸泡一段时间后，放入锅中蒸熟，再放入木槽或石槽中，用木槌反复捶打即成，味道香黏细腻，筋道适口。

黑龙江：黑龙江小吃面点常见的主要品种有酒醉十三香、麻花头、叉子饼、荷花金鱼、冰城三丝炒面等。

◇上海豫园小笼包

上海：上海小吃既包括上

海传统品种，又汇集各地小吃的精华，是根据上海的饮食习俗不断改进提高而逐渐形成的。城隍庙小吃是上海小吃的重要组成部分，是中国四大小吃之一，其中著名的有小笼包、酒酿圆子、八宝饭、枣泥酥饼、面筋百叶等。

江苏：江苏小吃的普遍特点是荤素兼备，口味清淡平和、咸甜适中，造型典雅清新、美观大方，乡土风味浓厚。代表小吃有：蟹黄汤包、桂花糖年糕、猪油年糕、黄天源糕团、无锡油面筋、枫镇大面、扬州炒饭、无锡小笼包等。

◇扬州炒饭

浙江：浙江小吃品种繁多，以米面为主料，选用配料广泛又精细，运用蒸、煮、煎、烤、烘、炸、炒、氽、冲等多种技法，形成咸、甜、鲜、香、酥、脆、软、糯、松、滑的糕团点心、面食、豆品的小吃系列，吴山酥油饼、宁波汤团、五芳斋粽子、虾爆鳝面、西湖鲜莲汤等皆为名品。

安徽：安徽小吃名品有伏岭玫瑰酥、徽州臭豆腐、徽州饼、大救驾、八公山豆腐脑、五城茶干、油煎毛豆腐、麻丰糕等。徽州臭豆腐俗名“大呆臭”，为王致和于清康熙年间创制，与浙江绍兴的臭千张、安徽淮南的臭香干呈鼎足三分之势，享誉海内外。徽州大呆臭，表面为灰、兰、黑综合色，内里洁白如玉，闻着臭，吃则异香，独具一番风味。

福建：福建小吃享誉全国，尤其是福建的沙县小吃，全国各地都有它的身影。福建小吃按地域大致可分为福州小吃、厦门小吃、泉州小吃、莆田小吃、漳州小吃、龙岩小吃、南平小吃、三明小吃、宁德小吃、沙县小吃等。其中福州的清明果、绿豆果、全真鱼丸、燕皮等，厦门的土笋冻、海蛎煎、庆兰馅饼、鱼皮花生、香菇肉酱罐头、花生酥等，泉州的肉粽、深沪水丸、元宵丸、石狮甜果等均闻名遐迩。

江西：江西特色小吃面点非常多，且制法各异，颇有特色，较有代表性的小吃有伊府面、清汤泡糕、酒糟汤圆、白糖糕、金线吊葫芦、米面、灵芝糯团、石鱼炒兰花根、松糕等。伊府面以面粉、鸡蛋揉至干湿适度，切为细条，入油炸至微黄，放沸鸡汤中煮软，撒以鸡肉、火腿末、香菇细丝、葱花而成，面爽汤鲜，清淡可口。因清代南安知府伊氏特别喜欢这种小吃，故得名伊府面，并成为中国小吃面食中颇有特色的一款美食。

山东：山东小吃起源甚早。北魏《齐民要术》就已经记录了山东众多的小吃品种。现今它的品种多达数百，包括民间小吃、肆食小吃、宴席小吃三大系列。代表品种有：周村烧饼、煎饼、大柳面、状元饺、草包包子、武城旋饼、、甜沫、八批果子、小刀面、荷叶饼、潍县杠子头火烧、蛋酥炒面、蓬莱小面、糖酥煎饼、高汤小饺、锅贴、煎包、开花馒头、汆子面、金丝面、福山拉面、鸡肉糁、盘丝面、潍坊朝天锅、单县羊肉汤、吊炉烧饼、鱼肉饺子等。

河南：河南小吃起源于商周，发展在汉魏，兴盛于宋元，成熟在明清时期。北宋时期是河南小吃的黄金时期，仅《东京梦华录》就记载当地小吃近400种，其中可辨认并流传至今的市井小吃便有100余种。如今的河南小吃包括郑州小吃、开封小吃、洛阳小吃、商丘小吃、南阳小吃、信阳小吃、新乡小吃、安阳小吃，平顶山小吃等众多支系，在华北地区饶有名气。代表品种有：枣锅盔、黏面墩、鸡蛋布袋、荆芥面托、瓠包、八宝馒头、白糖焦饼、凤球包子、开封第一楼小笼包子、勺子馍、鸡丝卷、豌豆馅、绿豆糊涂、血糕、武陟油茶、沈丘贡馍、烫面角、小菜盒、胡辣汤、江米切糕、油酥面蛹、双麻火烧、劈柴块锅盔、僧帽双瓤烧饼、吊卤面、浆面条、莲叶稀饭、茶汤、豇豆麦仁汤、夫子酒烩汤圆、碎金饭、黄米粽、杏仁茶等。

◇武汉热干面

湖北：湖北小吃萌芽于战国时期，《楚辞》《荆楚岁时记》等介绍了众多的节令小吃。由唐至元，五祖寺斋点和东坡饼等小吃出现。明清时期又出现孝感糊汤米酒、荆州八宝饭、云梦鱼面、沙市牛肉抠饺子等精品。现今它已形成汉沔、荆南、鄂东、恩施、襄郧等五大系列500多个品种，在长江中下游一带享有盛誉，“武汉人过早”的民俗景观更是小吃繁盛的有力说明。湖北小吃的主料多为米、豆、莲、藕，米粉面团和米豆混合磨浆烫皮的制品较多，豆皮、豆丝闻名全国。除此之外，武汉小吃的代表品种有：热干面、东坡饼、黄州甜烧梅、四季美汤包、红安瓮子粑、沙市牛肉抠饺子、圆豆汤泡糯米、宜昌夹货、冰凉糕、苕面窝、扯糍粑、云梦炒鱼面、张三口羊肉面、桃花面、糊汤米粉、归元寺什锦豆腐脑、马悦珍锅盔等。

湖南：湖南小吃萌芽于战国时期，《楚辞·招魂》中已见记载；长沙马王堆汉墓中还出土了大量的米面实物。唐宋元明，推出众多的市肆小吃；清末的三湘方志中又收录了数十款节令美食，并以火宫殿小吃群闻名全国。现今湖南小吃包括湘中丘陵地区小吃、湘西南山区小吃和洞庭湖区小吃3个类别，

◇火宫殿臭豆府

有 400 余种。代表品种有：社饭、虾饼、糍粑、脑髓卷、姊妹团子、鸳鸯酥、糯米藕饺饵、八宝龟羊汤、龙脂猪血、罐子鸡、长沙火宫殿臭豆腐、健米茶、芝麻豆子茶、排楼汤圆、糯米灌辣椒、凉粉、神仙钵饭、三角豆腐、八宝果饭、牛角蒸饺，狗肉馓子、什锦湘莲、菊花烧卖等。湖南的名牌小吃以长沙火宫殿臭豆腐最为驰名，具有“黑如墨，香如醇，嫩如酥，软如绒”的特点，外焦微脆，内软味鲜。

广东：广东自然资源丰富，动植物种类繁多，这为饮食文化的发展奠定了良好的物质基础。加之广东人独特的茶楼文化，广东的小吃种类尤其多样。比如仅早茶时候的粥品就有白粥、猪肝粥、皮蛋瘦肉粥、鸡粥、田鸡粥、艇仔粥等。其他小吃如粉果、蒸肠粉、龟苓膏、荷叶饭、沙河粉、伦教糕、马蹄糕、鸡仔饼、干蒸烧卖、蟹黄灌汤饺、广式月饼、薄皮鲜虾饺、酥皮莲蓉包等，皆是广州传统的小吃。

广西：广西的风味小吃历史悠久，种类繁多。马蹄粉

◇桂林米粉

饺皇、瑶族香叶包、老友面、锅烧牛杂粉、绿豆大肉粽、钦州瓜皮干、玉林牛肉巴、桂林马肉米粉、芋头糕等都是传统的名小吃。老友面已有百年历史，用精制面条佐以爆香的蒜末、豆豉、辣椒、酸笋、牛肉末、胡椒粉等煮制而成，食之开胃驱寒，深受食客欢迎。桂林米粉更是风行全国，尤以马肉米粉为特色。马肉米粉的马肉，制法在传统上分腌、腊、卤、酱等多种，入口细嫩、味香不腻；所用的米粉是特制而成，色泽白亮，并用人工绕成团；下米粉的汤，系用马骨等连续煮四个小时而成，味极鲜美。

海南：海南小吃有海南煎饼、九层油糕、煎堆、煎粽、海南粉、海南鸡饭、椰丝糯米粑、东山烙饼、锦山牛肉干、黎族竹筒饭等。

◇叶儿粑

重庆：重庆小吃品种较多，如熨斗糕、冰粉、凉虾、麻圆、凉糍粑、山城小汤圆、鸡汁锅贴、油醪糟、叶儿粑、炒米糖开水、过桥抄手等。

四川：四川小吃是西南风味小吃的典型代表。它包括成都、自贡、乐山、江津、绵阳诸支系，以花色齐全、风味别具、经济实惠而驰誉南北。代表品种有：赖汤圆、龙抄手、担担面、鲜花饼、蛋烘糕、缠丝酥、叶儿粑、蒸蒸糕、鸡汁锅贴、珍珠圆子、川北凉粉、宜宾燃面、玻璃烧卖、崇庆冻糕、

◇龙抄手

芝麻圆子、小笼蒸牛肉、五香牛肉干、火边子牛肉、苕茸香麻枣、炒米糖开水、鸡蛋熨斗糕、顺庆羊肉粉、青城白果糕、广汉三合泥、灯影牛肉等。

贵州：贵州的风味小吃品种很多，尤以贵阳市的品种为最多。如肠旺面，系以面条、猪肠、猪血等多种原料制成，面条细脆，辣香味浓，是贵阳地区的传统名小吃；破酥大包，起层破酥，馅味三鲜，甜而不腻，十分可口；脑髓卷，系以精粉、猪油、猪肉等为原料制成，色泽油亮，柔软香甜；碗耳糕，以大米、红糖为原料制成，色黄柔软，味美甜香，是有百年历史的风味小吃。此外，吴家汤圆、荷叶糍粑、雷家豆腐圆子、恋爱豆腐果、糯玉米粑等，均是各具风味的小吃名品。

◇糯玉米粑

云南：云南小吃种类繁多，如昆明“滇八件”：硬壳火腿饼、洗沙白酥、水晶酥、麻仁酥、玫瑰酥、伍仁酥、鸡棕酥、火腿大头菜酥。昆明常见的小吃还有过桥米线、荞包子、洋芋粑粑、乳饼、盐饼子、米凉虾、抓抓粉、豌豆粉、饵丝、饵块、烧豆腐等。少数民族风味也很多，如傣家酸笋、牛粑烀、豪甩等。

西藏：西藏的小吃以藏味为主，主要有酥油茶、糌粑、麻森、帕查麻枯、祛瑞、吹肺、手抓羊肉、烤羊肠、风干肉、酸奶子、酥油干酪等。

陕西：陕西小吃包括关中小吃、陕南小吃、陕北小吃和仿唐小吃四大体系，品种多达数百。代表品种有石子馍、甑糕、牛羊肉泡馍、海味葫芦头、油泼面、黄桂柿子饼、槐花蒸面、乾州锅盔、胡麻饼、泡泡油糕、岐山臊子面、酿皮子、金线油塔、烩麻食、黑米稀饭、榆林炸豆奶、老童家腊羊肉、王家核桃烧饼、镇川干酪、汉中盐薄脆、窝窝面、水晶龙凤糕、分盆羊肉等。

◇陕西油泼面

甘肃：甘肃小吃面点汇聚了回族饮食精华，主要分为面食品和肉制品两大类，种类繁多，花色各异，地方特色鲜明。代表性小吃有：牛肉拉面、浆水面、酿皮、凉粉、酥饼、麻腐、藏包子、肉夹馍、手工臊子面、糊锅、洋芋搅团、香饭、搓鱼面、羊肉粉汤、手抓羊肉、白银烩面等。

◇狗浇尿

◇葱烧羊筋

青海：青海饮食文化十分丰富，且具有浓郁的西北特色。较有特色的小吃有手抓羊肉、羊杂碎、酸奶、馓子、炒面片、烩面片、狗浇尿、尕面片、拉条、酿皮等。

宁夏：宁夏小吃品种多、风味别致，多是以牛羊肉及内脏为主料的清真风味小吃。代表性小吃有饸饹面、酿皮、烩羊杂、羊肉搓面、莜麦粿粿、炒糊饽、西夏红方肉腐乳、肉夹馍、宁百般馓子等。

新疆：新疆以风味面食和牛羊肉小吃闻名。馕是新疆特色面食，大概有五十多个品种，常见的有肉馕、油馕、窝窝馕、芝麻馕、片馕、希尔曼馕等。馕含水分少，久储不坏，便于携带，适宜于新疆干燥的气候，加之制作精细，用料讲究，吃起来香酥可口，因而颇受欢迎。

羊肉制成的小吃有抓饭、烤包子、烤羊肉串、拌面、米肠子、粉汤、油馓子、薄皮包子、面肺子等。

香港：香港是美食天堂，世界各地的美味佳肴在此汇集。著名的港式小吃有车仔面、云吞面、辣鱼蛋、砵仔糕、碗仔翅、菠萝包、芝麻卷、猪油渣面、咖喱鱿鱼、老婆饼、西多士、猪肠粉、格仔饼、酸木瓜等。香港还有一些很具特色的熟食档，又名“大排档”，在大排档可以见到一些当地极具特色的小吃，如咕噜肉、椒盐濑尿虾等。

◇老婆饼

澳门：澳门小吃有中西合璧的特点，代表小吃有葡国鸡、绿柚鸭、马介休、水蟹粥、鲜果捞、青菜汤、葡式蛋挞、猪

◇葡式蛋挞

扒包等。葡式蛋挞是澳门小吃中最著名的，它原料简单，但对烘焙技巧要求很高，蛋挞底托为香酥的蛋酥层，上层是松软的蛋黄层，酥软兼备，香甜可口，深得食客的青睐。

台湾：台湾小吃始于宋元。郑成功收复台湾后，当地民间小吃与大陆小吃逐步融合，形成特异的“闽台风味”。后来又受到日本食风的影响，推出味噌汤、天妇罗、寿司和生鱼片等。由于台湾四处环海，渔获丰富，因此海鲜成为特色小吃的主角，如蚵仔煎、生炒花枝、海产粥、鱿鱼羹、虱目鱼汤等，味道鲜美，诱人食欲。此外还有五彩润饼、金钱虾饼、红鲟米糕、度小月担仔面、鳝鱼伊面、蛤子烫饭、烂肉饭、八宝冬粉、贡丸、肉丸、太阳饼、凤梨酥、蜜豆冰、虾猴、凸饼、鸡干饭、凤眼糕、豆腐干等。

◇凤梨酥

七 民族食俗

1. 汉族饮食风俗

汉族是中国乃至世界人口最多的民族。基本饮食结构以粮食作物为主食，以各种动物食品、蔬菜为副食，与西方各民族和中国藏族、蒙古族等少数民族的饮食结构有鲜明的差别。汉族的饮食惯制是早、中、晚一日三餐，午晚是正餐，三餐中主食、菜肴、饮料搭配。米食和面食是汉族的两大主食，大米制品如米饭、米糕、米粥、米团、汤圆、粽子，面制品如馒头、包子、面条、烙饼、馅饼、饺子等都是日常食物。制作方法丰富多彩，食之可口，观之赏心悦目。

汉族菜肴类型众多，南北各具地方特色，“南甜、北咸、东辣、西酸”的口味的差异，以及各地在调制方法上的不同要求，形成了不同的菜肴类型。各地的烹调方法也都受当地食俗的影响，各有长处。

汉族的饮食也与社会文化环境如岁时节日等有密切的关系。从年初开始直到年终，各种岁时节庆日差不多都有相应的特殊食品和习俗，既可以满足人的生理需要，更可以满足人在特定的自然时令环境、社会场合乃至人生不同阶段的情感需要。

（1）春节。春节俗称旧历新年、大年、新岁，旧称元旦，时间为农历正月初一，是中华民族最隆重的传统节日。旧时，从过小年（腊月二十三或二十四）到元宵节（正月十五），都属春节范围，而从除夕至正月初三最是高潮。

春节习俗一般以吃年糕、饺子、糍粑、汤圆、荷包蛋、大肉丸、全鱼、美酒、福橘、苹果、花生、瓜子、糖果、香茗及肴馔为主；并伴掸扬尘、洗被褥、备年货、贴春联、贴年画、贴福字、放鞭炮、守岁、给压岁钱、拜年、走亲戚、逛花市、逛庙会、闹社火等众多活动。

◇切糕

除夕又称“大年三十”，家家户户要吃团圆的年夜饭，时间多在夜间，食品丰富，种类繁多，重视口彩，如年糕叫“步步高”，饺子叫“万年顺”，席中一定要有鱼，取“年年有余”之意。在包饺子时，包入钱、糖、枣等，各有寓意，如吃到枣寓意早起，吃到钱的象征发财。一些地区则煮年饭，称之隔年饭、年根饭、岁饭店等，吃时有吃有剩，剩饭作来年的“饭根”，意为“富贵有根”。

（2）元宵节。元宵节又称上元节，在农历正月十五，又称小正月、元夕或灯节。一般各地皆煮食元宵。“元宵”或“汤圆”由来已久，宋代，民间即流行一种元宵节吃的食品，最早叫“浮元子”，后称“元宵”，生意人还特称其“元宝”，可汤煮、油炸、蒸食，有团圆美满之意。当时元宵主要用来祭祀。南宋，“乳糖圆子”出现，这应是汤圆的前身。到了明朝，人们就以“元宵”来称呼这种糯米团子。此后，元宵制作日见精致。仅就面皮，就有江米面、黏高粱面、黄米面和苞谷面等。馅料内容更是多样，甜的有桂花白糖、山楂白糖、什锦、豆沙、

◇元宵

芝麻、花生等；咸的有猪油肉馅；素的如芥、蒜、韭、姜组成的五辛元宵等。制作方法南北各异。北方元宵多用箩滚手摇的方法，南方的汤圆则多用手心揉团。元宵可以大似核桃、也可以小如黄豆，食用的方法有水煮、炒吃、油炸、蒸食等。现今，元宵已成为一种四时皆备的点心小吃。

（3）清明节。“清明”本是节气，后来加了寒食节习俗形成清明节。“寒食节”在冬至后105天，距清明1天或2天，传说为纪念“介子推”死难，禁止生火，吃冷饭，以示追怀。后世逐渐把寒食的习俗移到清明之中，增加了祭扫、踏青、秋千、蹴鞠、斗鸡蛋等风俗。

晋中一带清明前一日禁火。当日，一些地方保留了吃冷食的习惯。在山东，即墨吃鸡蛋和冷饽饽，莱阳、招远、长岛吃鸡蛋和冷高粱米饭，泰安吃冷煎饼卷生苦菜。晋南人习惯用白面蒸大馍，中间夹有核桃、枣、豆子，外面盘成龙形，龙身中间扎一个鸡蛋，名为“子福”，象征团圆幸福。上海有吃青团的风俗，将雀麦草汁和糯米一起舂合，然后包上豆沙、枣泥等馅料蒸熟。青团色绿如玉，糯韧绵软，清香扑鼻。 在浙江湖州，清明节家家裹粽子，作上坟的祭品，也可作踏青带的干粮。农家则有吃螺蛳的习惯，用针挑出螺蛳肉烹食，叫“挑青”。吃后将螺蛳壳扔到房顶上。这天，还要办社酒。社酒的菜肴，荤以鱼肉为主，素以豆腐青菜为主，酒以家酿甜白酒为主。浙江桐乡河山镇有“清明大似年”的说法，清明夜重视全家团圆吃晚餐，饭桌上必有传统菜：炒螺蛳、糯米嵌藕、发芽豆、马兰头等。

（4）端午节。端午节为每年农历五月初五，又称端阳节、五月节、午日、夏节等，本是夏季一个驱除瘟疫的日子，后由于楚国诗人屈原在此日跳江殉国，就变成纪念屈原的节日。

◇粽子

端午节吃粽子，是传统习俗。春秋时期，用菱白叶包黍米成牛角状，叫角黍，用竹筒装米密封烤熟，叫“筒粽”。晋代，粽子正式定为端午节食品，原料除糯米外，还有益智仁，称“益智粽”。唐代，有锥形、菱形的粽子；宋代，果品被包入粽子；元明时期，开始用箬叶包粽子，附加料品种丰富多样。现在，南方粽子有豆沙、鲜肉、蛋黄、火腿等馅料，北方粽子多包小枣。

端午节这一天，各地还有其他食俗，如江南地区吃黄鳝；江西南昌和湖北部分地区煮茶蛋和盐水蛋，蛋壳涂红，用彩色网袋装着挂在儿童脖子上；河南、浙江、湖北等省将大蒜和鸡蛋一同煮食；温州地区吃薄饼，用韭菜、绿豆芽、肉丝、香菇等为馅。

（5）七夕节。七夕节在每年农历七月初七，又称“乞巧节”“少女节”“女儿节”，主要活动是乞巧。应节食品以巧果最为出名。巧果又名“乞巧果子”，以油、面、糖、蜜为主料，有捺香、方胜等图样。做法是：先将白糖放在锅中熔为糖浆，然后和入面粉、芝麻，拌匀后摊在案上擀薄，晾凉后用刀切为长方块，折为梭形巧果胚，入油炸至金黄。乞巧时用的瓜果也有多种变化：或将瓜果雕成奇花异鸟，或在瓜皮表面浮雕图案，称为“花瓜”。

山东荣成有种巧菜、做巧花的活动。种“巧菜”，即少女在酒杯中培育麦芽；做“巧花”，由少女用面粉塑制各种带花的食品。福建仙游每家都会做炒豆，提前一天浸泡黄豆，当日炒至半熟拿起来备用，花生也炒热后拿起，将白糖熬化，再将黄豆、花生倒入锅中一同煮。闽南、台湾民间用使君子煮鸡蛋、瘦猪肉、猪小肠、螃蟹等，晚饭后分食石榴。

（6）中秋节。中秋节在每年农历八月十五，与春节、清明节、端午节并称为中国汉族四大传统节日。民间有中秋拜月或祭月的风俗。

月饼历史悠久，据史料记载，在殷、周时期，江浙一带有一种纪念太师闻仲的边薄心厚的“太师饼”，这就是月饼的始祖。汉代出现了以胡桃仁为馅的圆形饼“胡饼”。 唐代，

◇月饼

已有从事生产的饼师，“月饼”的名称在民间流传。北宋，该种饼被称为“宫饼”，在宫廷内流行。明代，月饼逐渐成为中秋节的节日必备品。清代，月饼的制作技巧越来越高，袁枚《随园食单》介绍：“酥皮月饼，以松仁、核桃仁、瓜子仁和冰糖、猪油做馅，食之不觉甜而香松柔腻，迥异异常。”

中秋节，江南地区还用月饼“卜状元”，把月饼切成大中小三块，从小到大，依次叠放，下面最大的为状元，中间的是“榜眼”，上面的是“探花”，全家掷骰子，数码最多吃大块，为状元。

（7）重阳节。农历九月九日为重阳节，又称“老人节”。重阳节早在战国时期就已经形成，至唐代被正式定为民间节日。

在重阳节，菊花酒是必饮、祛灾的吉祥酒。菊花酒早在汉代就有了，到明清时期，酒中又加入了多种中药，此酒具有疏风除热、养肝明目、消炎解毒等功效。

在北方，有吃重阳糕的风气。重阳糕又称花糕、菊糕、五色糕，制作比较随意。讲究的要做成九层，像座宝塔，上面还做成两只小羊，以符重阳（羊）之意。有的还在重阳糕上插一面小旗，并点蜡烛灯。九月九日天明，以片糕搭儿女额头，口中念念有词，祝福百事俱高。

（8）冬至节。冬至，既是二十四节气之一，也是汉族的一个传统节日，俗称“冬节”“长至节”“亚岁”等。节日饮食有鲜明的季节特色。

北方有吃饺子的风俗，南阳地区有“冬至不端饺子碗，冻掉耳朵没人管”的民谣。北方还有不少地方在这一天吃狗肉、羊肉以及各种滋补食品。江南水乡，冬至之夜全家欢聚一堂，共吃赤豆糯米饭。江苏人过冬至，吃馄饨、喝冬酿酒、吃羊肉进补。宁夏银川喝粉汤、吃羊肉汤饺子。福建有吃糯米丸的习俗。潮汕各市县冬至有祭祖先、吃甜丸、上坟扫墓的习惯。绍兴人爱在冬至日前后将一年中的吃饭米预先舂好，谓之“冬舂米”。

（9）腊八节。腊八，即每年农历十二月初八，又称腊日祭、腊八祭、王侯腊或成佛道日。这一天做腊八粥、喝腊八粥是中国各地最传统、最讲究的习俗。

腊八粥食用最早开始于宋代，到清代更为盛行。通常在腊月初七的晚上就开始准备，洗米、泡果、剥皮、去核、精拣，然后半夜开始煮，再用微火炖，一直到第二天清晨。各地腊八粥所放的食品不尽相同，有粳米、白果、核桃仁、栗子、莲子、百合、红枣、绿豆、红豆、红薯、花生等。

◇腊八粥

华北地区在腊八这天还有制作醋泡蒜的习俗，将紫皮蒜瓣去老皮，浸入米醋中，装入小坛封严，俗称“腊八蒜”，等到除夕启封食用，湛清翠绿，味道独特。

2. 少数民族饮食风俗

中国是一个多民族的国家，共有 56 个民族。汉族以外的 55 个民族相对汉族人口较少，习惯上称之为“少数民族”，如蒙古、回、藏、维吾尔、哈萨克、苗、彝、壮、布依、朝鲜、满等民族。这些民族历史悠久，都有自己特定的食俗。

（1）壮族食俗。壮族是中国人口最多的少数民族，约 1692.6 万人，其中绝大部分居住在广西境内，以南宁、柳州、百色、河池最为集中，其余分布于云南文山、广东连山、湖南江华及贵州东南部等地。主要作物有稻谷、玉米、红薯、芋头等。

壮族从事农耕历史悠久，汉代便已经开始，唐宋时期种植水稻，并开始种植小麦和其他杂粮，大量饲养禽畜。明代，其食物结构和烹调方法与内地接近。明末清初，玉米、红薯引入广西。历史上壮族曾有许多特殊的食品，如用象鼻制作的风味菜肴和用猪、羊、鹿、鸡带骨煮的“不乃羹”等，现在壮族的饮食习惯及食品烹调方法趋同于周围的汉族，但在一些方面，尤其是节庆活动中，还保留有本民族的特色。

壮族多一日三餐，有少数也吃四餐，在中晚餐之间加一小餐。晚餐是正餐，多吃干饭，菜肴丰富。米、玉米是壮族的主食，米有籼米、粳米、糯米等，制作方法多样，平常用于做饭、煮粥，也常制成米粉。粳米、糯米可泡成甜米酒。糯米常用来做糍粑、粽子、五色糯米饭等，后者是壮族节庆的必备食品。玉米粥是山里壮族人最常吃的，做法讲究，味香而黏糊。壮族人喜甜，糍粑、五色饭、水晶包（肥肉丁加白糖为馅）等均用糖，玉米粥也常加糖。菜肴以水煮最为常见，也有腌菜的习惯。壮族还有酿米酒、红薯酒、木薯酒，可在米酒中配以鸡胆、鸡杂、猪肝，分别称之鸡胆酒、鸡杂酒、猪肝酒。

壮族最隆重的节日是春节，一般在腊月二十三过完灶节后开始准备，二十七宰年猪，二十八包粽子，二十九做糍粑，除夕晚餐，家家必有整只煮的大公鸡，初一喝糯米甜酒、吃汤圆。壮族的粽子有时用浸泡后的糯米直接包扎，有时用浸好的糯米磨完过滤成糕后包扎。三月三、四月八（牛魂节）许多壮族地区爱吃“包生菜”，用包生菜的宽嫩叶包上饭、各种熟食，卷成刚好满口的一团。

壮族好客，婚丧嫁娶、盖房造屋、红白喜事等都置席，一般要有八到十道菜，男女分席，但一般不排座次，凡入席者，即使是婴儿也算一座，意为平等相待。每次夹菜，由一席之主夹最好的菜放入客人碗中，然后其他人才下筷。中元节，每家都要杀鸡宰鸭，蒸五色糯米饭，祭祖、祭鬼神。牛

◇五色糯米饭

魂节多在春耕后的一天，各家带一篮五色糯米饭和一束鲜草，到牛栏边祭牛魂，然后把一半五色糯米饭和鲜草给牛吃。

（2）满族食俗。中国满族人口约1038.8万，主要居住在东北三省、河北省和内蒙古自治区。东北地区的满族，过去多以高粱米、玉米、谷子为主食，现在，稻米和面粉基本上代替了过去的杂粮，食用油以豆油、猪油和苏子油居多。

早期满族先民以游猎和采集为主要谋生手段，直到战国时期才开始种植五谷，饮食比较简单，至南北朝时期，定居于松花江上游和长白山麓，种五谷，养家畜，明代以后，女真人定居东北，以种杂粮为主，形成了以杂粮为主食、猪肉为主要肉食的饮食习惯。清朝建立以后，在与其他民族的交往中，满族的饮食习惯和食物结构发生了很大变化，尤其在宫廷膳食的加工制作中，吸收其他民族的特点，保留满族习俗，形成了风味独特的宫廷食品和宴席。现在只有东北地区还部分地保留着满族饮食习惯。

满族民间农忙时一日三餐，闲时日食二餐。主食多是小米、高粱米、粳米干饭，喜在饭中加小豆或粑豆。有的地区以玉米为主食，喜以玉米面发酵做成“酸汤子”。东北大部分地区还有吃水饭的习惯，做好高粱米饭或玉米馇子饭后用清水过一遍，再放入清水中泡着，吃时捞出。饽饽是满族的重要主食，黏凉饽饽是用黏高粱、黏玉米、黄米等磨成粉制成，有豆面饽饽、搓条饽饽、年糕饽饽等多种，其中最具代表性的是宫廷主食御膳栗子面饽饽，也称小窝头。满族点心萨其马是全国著名的糕点。

◇萨其马

满族民间常以秋冬之际腌渍的大白菜即酸菜为主要蔬菜。将白菜除根、洗净，用开水稍烫之后，装入缸中，十数天后发酵、变酸。一般第一年秋冬腌渍的酸菜可以吃到第二年春末。酸菜可以用来熬、炖、炒，也可做馅包饺子。用酸菜熬白肉、粉条是满族入冬后常吃的菜肴。此外，日常蔬菜还有萝卜、豆角等。满族人爱吃猪肉，常用白煮的方法烹制。

满族的许多节日与汉族相同，逢年过节都要杀猪，除夕吃饺子时在一个饺子中放一根白线，也有的在饺子中放一枚铜钱，分别意味着长寿和新的一年有钱花。满族过去信仰萨满教，每年根据不同节令祭天、祭神、祭祖先，以猪和猪头为主要祭品。大祭时要杀猪，特别是祭祀祖先时要选择无杂毛的黑色猪，宰杀前向猪耳朵内注酒，如猪耳朵抖动，则认为神已经领受，可以宰杀，此举俗称“领牲”。有的地方还要将膀胱和猪肠放入吊斗挂在杆子上，让乌鸦来吃。全猪卸为八块，摆放在方盘内，供于屋内西山墙的祖宗牌位下，家人按辈分排列免冠叩头三遍，再将肉切碎入锅熬煮，全家围坐，蘸盐而食。庄稼成熟时，满族还有“上场豆腐了场糕”的习俗，即在五谷上场时，用新豆子做豆腐吃；打场结束时，用新谷做大黄面或豆面饽饽吃，以庆丰收。

（3）回族食俗。中国回族人口约 1058.7 万，遍布全国各地，在宁夏、甘肃、新疆、青海等省区比较集中。是中国较早信仰伊斯兰教的民族之一，受教义影响，禁食猪、马、驴、骡、狗和一切自死动物、动物血，禁食一切形象丑恶的飞禽走兽。喜吃牛羊肉。可食动物须经阿訇或做礼拜的人念安拉之名后屠宰。

回族分布较广，各地回族的食俗、饮食结构、烹调技术不完全一致。如宁夏回族以米、面为主食，甘肃、青海回族以小麦、玉米、青稞、马铃薯为主食。宁夏回族喜食面条、面片，在面汤中加入蔬菜、调料和红油辣椒，称为“汤面”或“连锅面”。将清水煮好的面条、面片捞出，浇上汤料，称为“臊子面”。宁夏回族还喜食调和饭。在煮好的粥中加入羊肉丁、菜丁和调料，再把煮熟的面条或面片加入，称米调和。在面条和面片中加入米饭和熟肉丁、菜丁、调料等称面调和。肉食以牛羊肉为主，有时也食用骆驼肉，食用各种有鳞鱼。回族长于煎、炒、烩、炸、爆、烤等各种烹调技法。风味迥异的清真菜肴中，既有用发菜、枸杞、牛羊蹄筋、鸡鸭海鲜等为原料做成的精细考究的名贵菜肴，也有独具特色的家常菜和小吃。油香、馓子是各地回族节日馈赠亲友不可少的食

◇馓子

品。民间特色食品有酿皮、拉面、肉炒面、豆腐脑、牛头杂碎、烩饸饸等。

回族的民间节日主要有开斋节、古尔邦节、圣纪节等。

开斋节在回历每年九月，从见新月始到下月见新月终的一个月里，12 岁以上的男子、9 岁以上的女子都要把斋，从日出后到日落前不得进食，直到回历十月一日开始为开斋，欢庆三天，家家宰牛、羊等招待亲友庆贺，并要做 20 到 30 种节日食品。回历十二月十日要过古尔邦节，当天不吃早点，到清真寺做礼拜之后宰牛献牲，宰后的牲畜分成三份，一份施散济贫，一份送亲友，一份留自己食用。

回族民间结婚宴席一般 8 至 12 道菜，忌讳单数。盛大宴席的菜肴更为讲究，如西北地区的烤全羊，直接在炭火上烧烤，外焦里嫩，肥而不腻；盛行于宁夏南部的五罗四海等套菜驰名全国，“五罗”指五种炒菜同时上齐，“四海”指四种带汤汁的菜同时上桌等。丧葬习俗各地有所区别，有的三天不举火，第四日炸制油香，送给参加送葬的亲友和邻居回谢。七日、四十日、百日、周年、三周年纪念日，要诵经和向众人分发食品。

（4）维吾尔族食俗。中国维吾尔族人口约 1006.9 万，主要居住于新疆维吾尔自治区，大部分在天山以南，极少数分布在湖南桃源、常德等县。他们以面食为主食，喜食肉食、乳类，夏季多食瓜果。

维吾尔族在唐代以前主要从事畜牧业，兼营农业，饮食以肉类为主，粮食为辅。宋代普遍种植小麦、水稻、大麦、玉米、豆类等粮食作物和葡萄、瓜果等经济作物，小麦逐渐成为日常生活主食，牛羊肉和各类蔬菜成为副食。

维吾尔族日食三餐，早饭吃馕和各种果酱，喝奶茶等，午饭是各类主食，晚饭多是馕、茶或汤面等。最常吃的是馕、抓饭、包子、面条等。抓饭，维吾尔语称“颇罗”，是用大米、羊肉、羊油、植物油、胡萝卜等焖成，味道鲜美，逢年过节或办婚丧事时，多用来待客。薄皮包子，维吾尔族语称“皮

◇新疆馕

提曼塔”，用面做成，羊肉丁、羊油拌少许洋葱做馅，皮薄肉多，油大味香。面条有拉面、炒面、汤面等，还有曲曲（与馄饨相似）。

维吾尔族的传统节日，有肉孜节、古尔邦节和诺鲁孜节。前两个节日都来源于伊斯兰教。过古尔邦节时最为隆重，家家户户都要宰羊、煮肉、炸油馓子、烤馕等。屠宰的牲畜不能出售，除将羊皮、羊肠送交清真寺和宗教职业者外，剩余的用作自食和招待客人。过肉孜节（即开斋节）前，成年男女穆斯林要封斋1个月，只在日出前和日落后进餐。诺鲁孜节是维吾尔族人民最古老的传统节日，在春分时节，相当于公历3月22日。在这一天，要举行各种庆祝活动和传统的“麦西来甫”（一种古老的以歌舞为主的群众性集体娱乐活动）。男女青年结婚时，由阿訇或伊玛目（均为宗教职业者）诵经，将两块干馕沾上盐水，让新郎、新娘当场吃下，表示从此就像馕和盐水一样，同甘共苦。在农村，婚宴要在地毯上铺上洁白的饭单，最先摆上馕、喜糖、葡萄干、枣、糕点、油炸馓子等，然后再上手抓羊肉、抓饭。

维吾尔族吃饭时，在地毯或毡子上铺“饭单”，饭单多用木模彩印花布制作。长者坐在上席，全家共席而坐，饭前饭后必须洗手，洗后只能用手帕或布擦干，忌讳顺手甩水。吃馕时，将馕掰成小块，置于盘中。吃完饭后，由长者领作“都瓦”（即作祷告），一般都在走亲访友，入门坐定之后和离开之前作，然后收拾饭单。

（5）蒙古族食俗。中国蒙古族人口约598.2万，绝大多数聚居于内蒙古自治区，其余多分布在新疆、辽宁、吉林、黑龙江、甘肃、青海等省区的各蒙古族自治州、县。蒙古族自古以畜牧和狩猎为生，被称作马背民族，牛、羊、马、骆驼等牲畜及畜产品驰名中外，特别是内蒙古的特产三河羊、肥尾羊、黄羊及骆驼。蒙古族普遍嗜饮奶茶、砖茶。肉奶制品的加工制作历史悠久、工艺考究、风味独特。

历史上蒙古族多过着游牧生活，以肉奶制品为主食，擅长烤、煮、烧的烹调方法。成吉思汗时期，牧民中广泛推行随地挖坑烧烤的肉类快速成熟方法。内蒙古特产“驼掌”在元朝被列为“八甘味”之一。清代，原察哈尔八旗制作的奶制品，曾被宫廷指定为御用的奶食品。近年来，许多传统食品在原料使用和烹调技术上，都有了进一步的提高，形成了许多风味独特的典型食品。

蒙古族日食三餐，每餐都离不开奶和肉，以奶为原料制成的食品为“白食”，以肉为原料制成的食品为“红食”。奶制品有酸奶干、奶豆腐、奶皮子、奶油、稀奶油、奶油渣、酪酥、奶粉等十余种，一向被视为上乘珍品，如有来客，首先要献上，如是孩子，还要将奶皮子或奶油涂在脑门上，以示美好的祝福。肉类主要是牛肉、绵羊肉，其次为山羊肉、骆驼肉和少量马肉。就羊肉来说，最具特色的是蒙古烤全羊、烤炉带皮整羊，最常见的是手扒羊肉。蒙古族吃羊肉讲究清炖，煮熟后即食用，以保持羊肉鲜嫩。为了便于保存，还常把肉制成肉干和腊肉。炒米是蒙古族特有的食品，西部地区的蒙古族还有用炒米做“崩”的习俗。面粉制作的食品中最常见的是面条和烙饼，具有特色的是用面粉加馅制成的蒙古包子、蒙古馅饼，以及蒙古糕点新苏饼等。

蒙古族一年中最大的节日是相当于汉族春节的年节，也称“白节”或“白月”。除夕那天，家家都要吃手扒羊肉，也要包饺子、烙饼。初一早晨，晚辈要向长辈敬“辞岁酒”。在锡林郭勒盟民间还在每年夏天过“马奶节”，节日当天，每个牧民都要拿出最好的

◇内蒙古特产奶酪

奶干、奶酪等奶制品摆上盘子，马奶酒作为圣洁的饮料用来招待客人。

（6）藏族食俗。中国藏族人口约628.2万，主要聚居于西藏自治区，还有部分散居于青海、甘肃、四川、云南等省。大部分地区的藏族主要从事畜牧业，放牧藏系绵羊、山羊、牦牛和犏牛，部分地区的藏族则从事农业，种植青稞、豌豆、荞麦、蚕豆、小麦。近年来开始种植蔬菜。

藏族最早聚居于雅鲁藏布江中游两岸，从事畜牧业，兼事狩猎和采集。7世纪初，松赞干布统辖西藏，农业生产、酿酒、碾磨等技术在西藏传播，食物也从以牛羊肉为主开始多样化。

大部分藏族日食三餐，但劳动强度大时有日食四至六餐的习惯。绝大部分藏族习惯于吃青稞炒熟磨粉制成的糍粑，糍粑便于储藏、方便携带，食用时拌上浓茶或奶茶、酥油、奶渣、糖等。四川一些地区的藏族常食用俗称人参果的一种野生蕨麻，还喜食用小麦、青稞去麸加牛肉、牛骨入锅熬成的粥。青海、甘肃藏族喜食烙薄饼和用沸水加面搅成的“搅团”。河曲的藏族有制作大饼的习惯。

◇酥油茶

藏族食用牛羊肉讲究新鲜，宰杀牛羊后即将大块带骨肉入锅，猛火炖煮，开锅后将肉盛入盘中，用刀子割食。牛羊血则加碎牛羊肉灌入牛羊的小肠中制成血肠。肉类多用风干法储存。最常见的奶制品是从牛羊奶中提炼出来的酥油，做饭菜、制作酥油茶时使用。酥油茶和奶茶都用茯茶熬制。

藏族地区家家都备有酥油茶筒、奶茶壶。多以干牛粪为燃料，以铁三脚架为灶。牧区的藏族都要随身佩带精制的藏刀，用来切割食物、宰羊、剥皮、削帐房橛子等。

藏族民间最大的传统节日是藏历新年。藏历新年一般从藏历元旦就开始准备，家家都用酥油炸馃子，馃子有耳朵形状的、长形的、圆形的。还用彩色酥油捏制一个羊头，制作一个长方形的五谷斗，斗内装上酥油拌糍粑等食品，上面插上青稞穗、鸡冠花和酥油做的彩花。每年藏历七月一日都要过“雪顿节”，制作大量酸奶食用，很多人都提着酥油筒、茶壶、保温瓶，带上食品到风景优美之处饮茶喝酒。秋收前要过“望果节”，互相宴请并进行各种野餐活动。迎娶送往也十分热闹。传统筵席为分餐制，无饭菜小吃之分。上食品次序为足玛米饭、肉脯、猪膘、奶酪、血肠等，最后为酸奶。首道象征吉祥，最后一道表示圆满，一定要食用。

（7）朝鲜族食俗。中国朝鲜族人口约 183.1 万，主要居住在东北三省、内蒙古等地。朝鲜族擅长种植水稻，米饭是日常主食。肉类以猪、牛、鸡和鱼类为主，最常见的是明太鱼，普遍喜食狗肉。

朝鲜族过去有日食四餐的习惯，在农村除了早、中、晚餐外，普遍还在晚上劳动之后加一顿夜餐。朝鲜族喜食米饭，做米饭时用火、用水都十分讲究，所用铁锅底深、收口、盖严，受热均匀，一锅一次可以做出质地不同的双层米饭或多层米饭。各种用大米面做成的糕也是朝鲜族的日常主食。最常见的日常菜是八珍菜和大酱汤，八珍菜是用绿豆芽、黄豆

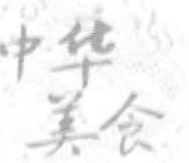

◇朝鲜泡菜

芽、水豆腐、干豆腐、粉条、桔梗、蕨菜、蘑菇八种原料，经炖、拌、炒、煎而制成的菜肴。大酱汤的主要原料是小白菜、秋白菜、大兴菜、海带，以酱代盐，加水焯熟后即可食用。咸菜是日常不可缺少的，如酱腌小辣椒、酱腌紫苏叶、咸辣桔梗、酱牛肉萝卜块等。朝鲜泡菜做工精细，享有盛誉，是入冬后至第二年春天的常备菜肴。

◇烤明太鱼

每逢年节，朝鲜族的饮食更加讲究，所有的菜肴和糕饼都要用辣椒丝、鸡蛋片、紫菜丝、绿葱丝或松仁米、胡桃仁等加以点缀。节日菜肴品种繁多，如明太鱼是清明节不可缺少的菜肴，民间认为清明节吃明太鱼可保佑一生平安。用狗肉加各种调料烧成的狗肉火锅鲜美味辛，滋补强身，是入伏后一些节日里的名菜。用牛里脊肉和各种海鲜烧制成的火锅“神仙炉”，是入冬后一些节日里的名菜。所有的节日菜肴都要有冷盘和生拌，如生拌牛肉、生拌牛肚等。除传统节日外，小儿周岁、结婚、老人六十大寿都要大摆筵席，届时先在餐桌上摆一只煮熟的公鸡，公鸡嘴里还要叼一只红辣椒。筵席传统菜点花样繁多，造型优美，许多食品做成鸟兽形。

八 食疗与养生

1. 食疗的特点与种类

食疗即食物疗法，指通过烹制食物、以膳食的方式来达到防治疾病和养生保健的目的。食疗文化源远流长，至少有三千多年的历史。原始人类在与自然界斗争的过程中，逐渐发现有些动、植物既可充饥又可保健疗疾。学会用火后，人类饮食营养、养生保健又前进了一步。随着陶器的出现和使用，烹调方法日益多样化，食物的味道也更加可口。此时期还出现了酒，在《吕氏春秋》中已有“仪狄作酒”的记载，此后又出现了复合成分的食用酒和药用酒。商代的大臣伊尹开创了煮食和去渣喝汤的饮食方法。周代，出现了专门掌管饮食营养保健的“食医”。 战国时期，中国第一部医学理论专著《内经》高度评价了食疗养生的作用。东汉名医张仲景对饮食养生及其辅助治疗作用十分重视。隋唐时期有很多食疗专著问世，如孙思邈的《千金要方》卷二十四专论食治，体现了“以人为本”的原则。此后《食疗本草》《食性本草》等都系统记载了一些食物药及药膳方。宋代的《圣济总录》中专设食治一门。陈直著有《养老奉亲书》，专门论述老年人的卫生保健问题，重点谈论了饮食营养保健的重要作用。元代饮膳太医忽思慧编撰的《饮膳正要》一书，堪称中国第一部营养学专著。明代李时珍的《本草纲目》收载了谷物、蔬菜、水果类药物300余种、动物类药物400余种，皆可供食疗使用。此外，卢和的《食物本草》、王孟英的《随息居饮食谱》及费伯雄的《费氏食养三种》等著作的出现，使食疗养生学得到了全面的发展。后来又有清代的《食物本草会纂》《费氏养生》《随园食单》等。今日，食疗在现代科学知识的不断充实下发展到了新的水平。

食疗所采用的原料主要分为两种：一是单纯使用食物，如食物的鲜汁或食物制成的羹、汤、粥、菜肴等，像西瓜汁、小米粥、胡辣汤、姜汤等。这种食疗食品可以根据人身体情况长期食用，更适用于年迈体弱者，而且往往在视觉、味觉上给人以感官的享受，使人胃口大开。二是食物加药后烹制而成的食品，这是食疗中的加药膳食，如人参粥、黄芪炖乌骨鸡等。美

◇乌鱼蛋汤

味可口的药膳，既具备养生的功效，又具备食物的色、香、味，一般人都乐于接受。

食疗有益，但就具体的个人来说，根据每个人的地域不同、性别差异、胖瘦区别、体质差异等因素，所采取的食疗方法也应各有区别。

青少年生机旺盛，精力充沛，体质坚实，一般只要饮食合理搭配，就可以获得充足的营养。但如果过度活动，又不能劳逸结合，也会使身体渐渐亏损。可选用百合、莲子、山药、核桃仁、枸杞子等富含磷、钙、铁、糖及维生素的益心补脾的食物。

老年人器官机能逐渐减退，可适当用滋补肝肾的食物进行调理，平常可选用人参、首乌、枸杞、杜仲、冬虫夏草、蜂蜜、核桃仁、鸽肉、海参等补品，以及苋菜、番茄、柑橘、黄豆、牛奶、鸡蛋、青菜、胡萝卜、菠菜、油菜、扁豆等，不宜多食胆固醇高的食物，如猪油、羊油、牛油、肥肉、动物内脏等。

妇女由于自身的生理特点，对营养物质的需求量较大。少女可选用增强体质免疫力的蛋类、猪肝、大枣等食品以及熟地、当归、枸杞等制作药膳食用。青壮年女性易发生贫血，宜选用富含铁质的鸡蛋、猪肝、羊肝，以及有补血健脾功效的大枣、山药、扁豆等。老年女性宜选用能延缓衰老、抗贫血、调节大脑的大枣、蜂蜜、龟肉等。

不同地域的人为适应环境，往往形成不同的体质。南方气温高，温热季节长，人体消耗能量多，人常瘦薄浮弱，内热阴虚。北方气温低，寒冷季节长，人体消耗少，肉食奶酪多，人常形体肥胖多湿，多阳气不足体质。相应地，在食疗时，南方居民应多食辛凉清淡的食物，以清热解表、利暑化湿；北方居民则多食温热、温阳解表之品，以驱散寒邪、增强人体阳气、抵抗寒冷气候。

食疗是历代医家都极为推崇的，俗语“民以食为天”就体现了饮食是维护健康的根本。生活中，用来作为食疗食品最多的是粥、汤。

（1）粥。粥是中国人民的传统优良饮食，易于消化吸收，能够长期服用，尤其适宜于病后进食，还具有治病强身的功效，可以辅助治疗疾病，保健养生，使人延年益寿。用不同米煮成的粥功用不同，用其他食物与米同煮，则种类更多、功用各异。

◇荷叶粥

大米粥：味甘性平，能补脾、养胃、除烦、止渴，尤其是烦热、口渴的热性病患者更适宜食用。

小米粥：健脾、益胃、补血，常被作为妇女产后的首选主食。

玉米粥：味道香甜，治消化不良、反胃，利大便。

糯米麦粥：糯米加小麦米，是一味治疗神经衰弱的常用食品，有滋肾益阴、养心安神的功效。

豆类粥：红豆粥利小便，消水肿，治脚气；绿豆粥解热毒，止烦渴。

蔬菜粥：萝卜粥宽中下气，芹菜粥去伏热利大小便，韭菜粥温补脾肾。

肉类粥：羊肉粥温补脾胃；鸡肝、羊肝粥补肝明目；鸡汁粥治劳损；鸭子、鲤鱼汁粥消水肿；枣皮猪肝粥养肝益肾。

药物粥：药物或药物同粮食、蔬菜、水、肉蛋水果共熬制粥，治疗作用更加明显。如：茯苓粥对脾虚患者最宜；红苓粥治失眠症；杏仁粥治老年人咳嗽、哮喘；松子仁粥润心肺，清大肠；薏仁粥利尿去湿，清肺热，补脾胃；菊花粥治高血压、冠心病；枸杞粥治老年糖尿病。

（2）汤。汤具有保健功能，用不同的菜，可以调制成各式各样、风味各异的汤。各种食物的营养成分在炖制过程中充分地渗于汤中，使得汤成为人们所吃的各种食物中最鲜美可口、最富有营养、最容易消化的。饭前喝汤，有助于食物稀释、搅拌，有益于肠胃对食物的消化和吸收。

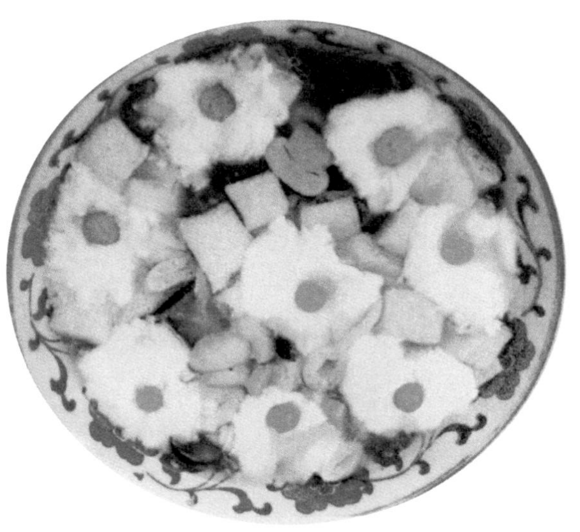

◇竹荪芙蓉汤

中国东部地区的古人类就会使用自制的粗陶容器加入些许河水来煮一些秋季丰收的谷

物，那时的人们常常会围坐在一起，平均分配谷汤用以充饥，这大概就是汤的雏形了。汤的滋补保健价值很早就得到了人们的认可，只要食材相宜、火候得当，一碗营养汤绝对是滋补的佳品。

鸡汤：鸡汤的营养价值很高，很多人习惯性地叫鸡汤为高汤。鸡汤特别是母鸡汤中的特殊养分可以抵抗感冒。大病初愈者可以适当喝一些。乌鸡汤可以延缓衰老、强筋健骨，对防治骨质疏松、佝偻病、妇女缺铁性贫血症等有明显功效。

骨汤：骨汤中的特殊养分可以促进身体微循环，减缓骨骼老化速度，多喝骨头汤可以抗衰老，往往可收到药物难以达到的功效。

鱼汤：鱼汤中含有一种特殊的脂肪酸，它具有抗炎作用，可以治疗肺及呼吸道炎症，预防哮喘发作，对儿童哮喘病最为有效。

◇鱼汤

菜汤：各种新鲜蔬菜含有大量碱性成分，其溶于汤中通过消化道进入人体内可使体液环境呈正常的弱碱性状态，有利于人体内的污染物或毒性物质重新溶解并随尿排出体外，可以抗污染。

2. 食疗养生与四季

中国古代就非常注重饮食与季节之间的关系，认为这是食养、食治和药治所必须注意的。人体的生理状态与四季的气候变化息息相关，如不注意，就可能引发那个季节易发的疾病。

◇山药

（1）春。春季是一年之始，万物生机盎然，人应该充养、保护体内的阳气，使精神愉快。此时的食疗应该注意选择一些能助阳气升散、调畅气机的食物。如葱、生姜、韭菜、芫菜等。春季饮食还应该注意少吃酸性食物，增加甘味食物，可以保护、增强脾胃，如可食用大枣、山药、扁豆、蜂蜜、饴糖、粳米、糯米、小麦等。此外，清淡可口、少食生冷油腻也是需要注意的一个方面。

立春：在每年公历 2 月 4 日前后。气温变化无常，少吃易“动风”的食物，如鸭子、黄鳝、狗肉等。多吃平肝之物，如荠菜、青菜、萝卜之类。腹部要注意保暖，可喝姜汤，也可在菜肴、菜汤中放姜。

雨水：在每年公历2月19日前后。空气湿润，又不燥热，调养脾胃首当其冲。宜多吃新鲜蔬菜、水果，多食大枣、山药、莲子、韭菜、菠菜等。食疗以粥为好。少食羊肉、狗肉等温热之品。体弱易感冒的人可在粥、汤、菜肴中配以黄芪、白术。

◇枸杞银耳羹

惊蛰：每年公历3月6日前后。天气干燥，应多吃清淡食物，如糯米、芝麻、蜂蜜、乳品、豆腐、鱼、蔬菜、甘蔗等。可以适当选用一些具有调血补气、健脾补肾、养肺补脑的补品。像鹌鹑汤、枸杞银耳羹、荸荠萝卜汁、扁豆粥等。或食用一些海参、龟肉、蟹肉等，燥烈辛辣之品应少吃。

春分：每年公历3月21日前后。万物生长，细菌繁殖快。食物要力求中和。如吃寒性食物如鱼、虾、蟹时要佐以温热散寒的葱、姜、酒、醋等调料。食用韭菜、木瓜等助阳之物要配食滋阴的蛋类。宜食用春笋、黑芝麻、花生、红小豆、蚌肉、莴笋、淮山、苹果、橘子、樱桃等。

清明：每年公历4月5日前后。晴雨多变，也是慢性病易复发的时期，要少食或不食易动风生痰之物，如咸菜、竹笋、羊肉、公鸡、海鱼、海虾、海蟹等。多吃柔肝养肺的荠菜、菠菜、山药、淡菜。可以服用枸杞猪肝粥、竹蔗水、桑葚薏米炖白鸽等。

谷雨：每年公历4月20日前后。气温升高，过敏性疾病易发。南方气温升高快，可食用补气血的鳝鱼、鲫鱼、泥鳅、鲤鱼、鳙鱼等。如食用祛风寒、舒筋骨、补气血的参蒸鳝段、菊花鳝鱼，滋阴养胃、抗菌消炎、养血润燥的草菇豆腐羹、生地鸭蛋汤等。

（2）夏季。夏季是生长繁殖的季节，要多在户外活动，不要发怒。饮食重在清凉解热、祛暑护阳，要多食用具有清热解毒、利尿除湿作用的食物，如西瓜、甜瓜、苦瓜、绿豆、百合、冬瓜、薏仁、莲子等，可以用这些食物做粥、汤。酷暑盛夏之际可适当吃些冷饮，但不要贪多。可适当吃些能开胃、增强食欲的食品。

立夏：每年公历 5 月 6 日前后。天气渐热，饮食宜清淡，忌食油腻或辛辣之物，多喝牛奶，多吃豆制品、鸡肉、瘦肉；多吃富含维生素的蔬菜、水果和粗粮，预防动脉硬化。老年人每天清晨可吃少许葱头，喝少量酒。

小满：每年公历 5 月 21 日前后。天气闷热潮湿。多吃防热的食物，多吃新鲜水果，如冬瓜、苦瓜、丝瓜、芦笋、藕、萝卜、番茄、西瓜、梨、香蕉，以清热泻火。忌食助热的动物脂肪、海鱼海虾、辣椒、韭菜、牛羊狗肉等。常吃具有健脾、利湿之效的食物，如红小豆、绿豆、胡萝卜、莲子、山药等。忌食海鱼与冷饮等。

芒种：每年公历 6 月 6 日前后。天气炎热，雨水增多。饮食宜以清补为主，多食用蔬菜、豆类、水果，如菠萝、苦瓜、芒果、绿豆等。为防止大量出汗后血钾过分降低，可多食用含钾较多的荞麦、玉米、红薯、大豆等粮食，菠菜、苋菜、香菜、油菜、甘蓝、青蒜、莴苣、鲜豌豆、毛豆等蔬菜，香蕉等水果。

夏至：每年公历 6 月 21 日或 22 日。夏至是阳气最旺的时节，人体消化功能减弱，饮食宜清淡不宜肥甘厚味，不可多吃过热性食物。夏至过后，盛夏来临之际，可吃些苦味食物清泄暑热，增进食欲。如芹菜，对咳嗽多痰、牙痛有较好的辅助疗效；丝瓜，做汤或炒肉均可，有清热化痰的作用；莴笋，具有清热化痰、利气宽胸的作用。

小暑：每年公历7月7日前后。暑气上升气候炎热，人的食欲减退，饮食上要按时适量，注意补充营养，清热去火。如咸鸭蛋是补充钙、铁的首选；莲子芯粥可以清心火，是养心安神的佳品；鱼腥草粥具有清热解毒、利湿祛痰的功效。

大暑：每年公历7月23日或24日。酷热难当，防暑降温尤其重要。饮食以清淡营养为主，多吃鸡肉、鸭肉、豆腐、鸽子肉等；多吃冬瓜、芥菜、西瓜皮、叶子菜等；适当吃些消暑水果，如雪梨、山竹、西瓜等。同时适宜多喝补气、消暑、开胃的汤，如马蹄、花旗参炖瘦肉或鸽子汤；多喝绿豆、红豆糖水。温补的东西则不宜多吃。

（3）秋季。秋季，天气变凉，万物肃杀，这时要收敛神气，不要急躁发怒，以免损伤肺气。这个季节要注意养阴润燥，养护脾胃，要少食葱、姜、蒜、辣椒等辛辣之物，菜肴之中也要尽量少用或不用。温燥时，要选用百合、萝卜、甘蔗、荸荠、梨、藕、苹果、猕猴桃、鸭子、小麦等性凉清热、养阴生津之物；凉燥时，应选用食性平和、滋阴养血之物，如牛奶、黑芝麻、核桃、银耳、蜂蜜、枸杞子、何首乌、桑葚、燕窝、乌骨鸡等。

立秋：每年公历8月8日或9日。天气转凉，人的食欲增加，是进补的最佳时节。饮食适宜增加酸、咸味食物。多吃健脾祛湿的食物，如大麦、黑豆、豇豆、小米、扁豆等。多食用一些滋阴润肺的食物，如芝麻、糯米、粳米、蜂蜜、百合、乳品。另外，多吃豆类等食物，少吃油腻厚味之物。蔬菜应选择新鲜汁多的，如黄瓜、冬瓜、西红柿、芹菜等。

水果应食用养阴生津之品，如葡萄、西瓜、梨、香蕉。

处暑：每年公历8月22日前后。三伏天已近尾声，干燥少雨，易引起秋燥。饮食调养方面宜益肾养肝、润肺养胃，多吃富含维生素的食物，如西红柿、鲜辣椒、茄子、马铃薯等；多吃碱性食物，如苹果、海带以及新鲜蔬菜等。适量增加鸡蛋、瘦肉、鱼、乳制品及豆制品等。

白露：每年公历9月7日前后。此时节气温冷暖多变，食疗应以润燥益气为主。多喝水，多吃蔬菜、水果，多吃豆类等蛋白质高的植物性食物，尽量少吃葱、姜、蒜等辛味及烧烤，可适当食用一些人参、沙参、麦冬、川贝、杏仁、胖大海、冬虫夏草等具有益气滋阴、养肺化痰作用的中药制成的药膳。

秋分：每年公历9月23日前后。此时气温渐降，应保持神志安宁。饮食调养上应多食用酸味甘润的果蔬，多选用甘寒滋润之品，如百合、银耳、山药、秋梨、藕、柿子、芝麻、

◇水果拼盘

鸭肉等。最好能多喝些润肺养阴的汤水，如青萝卜陈皮羊肉汤、玉竹百合猪瘦肉汤、木瓜粟米花生鱼汤、沙田柚花猪肝汤等。

寒露：每年公历10月8日前后。天气日凉，应以保养阴精为主。感冒是此时期最易得的疾病。当应多食用芝麻、糯米、粳米、蜂蜜、乳制品等柔润食物，同时增加鸡、鸭、牛肉、猪肝、鱼、虾、大枣、山药等以增强体质；少食辛辣之品。可以经常喝红枣莲子银杏粥，经常吃些山药和马蹄。

霜降：每年公历10月23日前后。此时昼夜温差变化很大，心脑血管疾病发病率上升，慢性胃炎和胃及十二指肠溃疡病易复发。饮食要多样、适当，粗细搭配，少吃甜食，节制饮酒。可以有意识地选择一些暖胃食物，如南瓜、胡萝卜、甘蓝、红薯、花生、鲜果及海藻类食品。

（4）冬季。冬季，自然阳气藏在地下，是闭藏之时，最好收敛自己，避免奔波劳碌。这个季节的饮食重在滋阴保阳，选用能驱寒暖身、抵御风寒侵袭的食物。如选用具有散寒作用的干姜、花椒、羊肉、狗肉、鹿肉、母鸡及各种酒类。选

◇蔬菜

用具有滋阴养血作用的甲鱼、海参、乌骨鸡、燕窝、牛奶、猪肝、鸭肉、鹅肉、黑木耳、黑芝麻、核桃、枸杞子、桑葚、何首乌粉等。冬季食疗进补不能盲目，如体质没有明显虚实寒热，只需注意饮食的新鲜多样、合理搭配即可。

◇百合山药炒彩椒

立冬:是冬季的第一个节气，在每年公历 11 月 7 或 8 日。此时草木凋零，万物趋向休止。可以不同方式进补，如吃一些炖母鸡、精肉、蹄筋等，常饮用牛奶、豆浆。北方可进补大温大热之物，如牛羊狗肉等，南方应进补清补、甘温之物，如鸡、鸭、鱼类。也要多吃萝卜、青菜，避免维生素缺乏。

小雪：在每年公历 11 月 22 日前后。雪尚小，寒未深，此时易患风寒骨病，要注意保暖防寒，并保持心情舒畅。宜吃温补性食物，如羊肉、牛肉、鸡肉、狗肉、鹿茸等；益肾食品如腰果、芡实、山药粥、栗子炖肉、白果炖鸡、大骨头汤、核桃等。另外，要多吃炖食和黑色食品如黑木耳、黑芝麻、黑豆等。

大雪：在每年公历 12 月 7 日前后。气候严寒，要注意防寒保暖，多吃温阳散寒、养血补肾的食物。如多吃羊肉、牛肉、鸡肉、鹌鹑、北芪、党参、花生、山药、栗子及杏脯等食物或药食两用之品，食用生姜骨头汤、生姜羊肉汤、生姜猪蹄汤等汤品。多食新鲜蔬菜、水果，如橘子、苹果、冬枣等以

◇羊肉

生津润燥。

冬至：在每年公历 12 月 22 日前后，是一年中最冷的日子，也是一年中最为重要的进补日。“三九天”三大补品冬虫夏草、人参、附片都可食用，可制作冬虫夏草加人参炖鸡、附片炖猪肉等。同时多吃萝卜、白菜，以免生痰。

小寒：在每年公历 1 月 6 日前后。此时中国的大部分地区进入严寒气候。饮食方面宜减甘增苦、补心助肺、调理肾脏。可多吃羊肉、牛肉、芝麻、核桃、桃仁、杏仁、瓜子、花生、榛子、松子、葡萄干等，也可结合药膳进行调补。所谓“三九补一冬”，适当进补，但不宜大补全补。

大寒：在每年公历 1 月 20 日前后。此时大部分地区进入最冷的时期。饮食上要多吃羊肉、狗肉等温热食品，可以吃生姜或胡萝卜炖带皮的肉，以防皮肤对寒风过敏。可在粥、菜肴中加入核桃、杏仁、萝卜、秋梨等，增强肺功能。